# 氧化锆复合两性氧化物低温催化水解氟利昂研究

刘天成　夏义珉　李　韬　著

科学出版社

北京

# 内 容 简 介

本书从氟利昂对环境危害及应对策略出发，力求较系统全面阐述氧化锆复合两性氧化物低温催化水解含低浓度氟利昂 $CCl_2F_2$（CFC-12）、$CHClF_2$（HCFC-22）和 $CF_4$（CFC-14）的工业废气特性。内容主要有 $Al_2O_3/ZrO_2$、$ZnO/ZrO_2$、$CoO/ZrO_2$ 催化水解 CFC-12、HCFC-22，$TiO_2/ZrO_2$ 催化水解 $CF_4$，涉及氧化锆复合两性氧化物催化剂的制备条件、水解条件等的影响规律，借助近现代分析测试手段，探讨两种氟利昂物质 CFC-12、HCFC-22 和全氟烷烃 $CF_4$ 在不同种类氧化锆复合两性氧化物上的催化水解机理。

本书可供从事氧化锆复合两性氧化物的催化剂设计、制造、研究开发，含低浓度氟氯烷烃及全氟烷烃工业废气的无害化处理及相关工作的工程技术人员、科研人员阅读，也可作为高等院校催化、大气污染控制及有关专业师生的参考书。

**图书在版编目（CIP）数据**

氧化锆复合两性氧化物低温催化水解氟利昂研究 / 刘天成，夏义珉，李韬著. -- 北京：科学出版社，2025.3. -- ISBN 978-7-03-081345-9

Ⅰ. O623.21

中国国家版本馆 CIP 数据核字第 2025ZU6176 号

责任编辑：霍志国 郑欣虹／责任校对：杜子昂
责任印制：吴兆东／封面设计：东方人华

科学出版社 出版
北京东黄城根北街 16 号
邮政编码：100717
http://www.sciencep.com
北京富资园科技发展有限公司印刷
科学出版社发行 各地新华书店经销
*
2025 年 3 月第 一 版 开本：720×1000 1/16
2025 年 5 月第二次印刷 印张：11 1/4
字数：227 000
定价：108.00 元
（如有印装质量问题，我社负责调换）

# 前　　言

氟利昂(氟氯烃类衍生物,chlorofluorocarbons,CFCs)因其优良的物理化学性质,曾广泛应用于生产生活中的各行业。但氟利昂是一类造成臭氧层破坏与温室效应主要的气体,对地球生态环境及人类健康造成了严重危害,对其无害化与资源化处理技术仍然是当今环保领域的研究热点之一。本书利用氧化锆复合两性氧化物($Al_2O_3$、$ZnO$、$CoO$、$TiO_2$ 等),低温催化水解含低浓度氟利昂 $CCl_2F_2$(CFC-12)、$CHClF_2$(HCFC-22) 和 $CF_4$(CFC-14)的工业废气,即 $Al_2O_3/ZrO_2$、$ZnO/ZrO_2$、$CoO/ZrO_2$ 催化水解 CFC-12、HCFC-22,$TiO_2/ZrO_2$ 催化水解 $CF_4$,涉及氧化锆复合两性氧化物催化剂的制备条件、水解条件等影响规律,借助近现代分析测试手段 XRD、SEM、XPS、BET、TEM、$CO_2$-TPD、$NH_3$-TPD、FTIR、TG 等,探讨了两种氟利昂物质 CFC-12、HCFC-22 和全氟烷烃 $CF_4$ 在不同种类氧化锆复合两性氧化物上的催化水解机理。

$Al_2O_3/ZrO_2$ 催化水解 CFC-12 和 HCFC-22:采用溶胶-凝胶法制备复合材料 $Al_2O_3/ZrO_2$,$Al_2O_3$ 和 $ZrO_2$ 的摩尔比为 1:1,水浴温度为 30℃,干燥箱相对湿度为 60%,焙烧温度为 800℃,焙烧时间为 2 h。复合材料 $Al_2O_3/ZrO_2$ 催化剂对低浓度 HCFC-22 和 CFC-12 表现出良好的催化活性,当催化水解温度为 100℃时,对 HCFC-22 水解率达到 98.75%,对 CFC-12 水解率达到 97.68%。对催化剂的制备方法、制备条件、催化水解条件以及催化剂用量对水解率的影响进行了系统研究,从催化剂的焙烧时间、焙烧温度、物料摩尔比和催化实验的水解温度角度探讨了各因素对催化水解 HCFC-22 和 CFC-12 水解率的影响。对复合材料 $Al_2O_3/ZrO_2$ 催化剂进行 SEM、XPS、BET、TEM、XRD、$CO_2$-TPD、$NH_3$-TPD、FTIR、TG 等表征。SEM 和 XPS 表征结果表明,复合材料 $Al_2O_3/ZrO_2$ 结晶性较好,反应前后元素组成没变化,说明其稳定性较好;BET 表征结果表明 $Al_2O_3/ZrO_2$ 是一种介孔物质,有较好的均匀性;TEM 表征结果表明 $Al_2O_3/ZrO_2$ 主要是以晶态存在,结合 XRD 得出以四方相的 $ZrO_2$ 为主要存在形式;$CO_2$-TPD 和 $NH_3$-TPD 表征结果表明该复合材料是一种两性物质;FTIR 通过复合材料官能团的变化情况,补充说明了复合材料晶相变化的原因;TG 表征结果说明复合材料热稳定性较好。

$ZnO/ZrO_2$ 催化水解 CFC-12 和 HCFC-22:采用柠檬酸络合法制备 $ZnO/ZrO_2$ 催化剂,制备条件为:催化水解温度为 100℃,ZnO 和 $ZrO_2$ 的摩尔比为 0.7,水浴温度为 90℃，焙烧温度为 400℃，焙烧时间为 4 h。从催化剂摩尔比、焙烧温度、焙烧时间、催化剂用量、催化水解温度等方面考察对 HCFC-22 和 CFC-12 水解率的影响，探究了 ZnO 或 $Al_2O_3/ZrO_2$ 催化水解温度、催化剂用量、制备成本等方面对催化水解 HCFC-22 和 CFC-12 水解率的影响。$ZnO/ZrO_2$ 催化水解低浓度 HCFC-22 和 CFC-12 的研究结果表明，$ZnO/ZrO_2$ 催化剂在催化水解 HCFC-22 和 CFC-12 的过程中催化性能较好，当催化水解温度 100℃ 时，HCFC-22 的水解率可达到 99.81%，CFC-12 的水解率可达到 99.47%。利用 XRD、SEM、EDS、$N_2$ 等温吸附-脱附、$CO_2$-TPD、$NH_3$-TPD、XPS 等对 $ZnO/ZrO_2$ 催化剂进行分析。SEM、EDS 和 XPS 表征结果表明，$ZnO/ZrO_2$ 催化剂结晶性较完整，元素组成未发生变化，说明其有较好的稳定性。$ZnO/ZrO_2$ 具有六面体棒状形貌，可暴露出更多容易接触的表面，为 HCFC-22 和 CFC-12 的降解提供活性位点。$N_2$ 等温吸附-脱附表征结果表明 $ZnO/ZrO_2$ 是一种均相介孔物质，比表面积大于 ZnO、$ZrO_2$。XRD 表征结果表明 $ZrO_2$ 主要以四方相形式存在，$ZnO/ZrO_2$ 催化剂处于固溶体状态，$Zn^{4+}$ 融入 $ZrO_2$ 晶格矩阵中。$CO_2$-TPD 和 $NH_3$-TPD 表征结果表明该催化剂是一种两性物质，其酸碱性受焙烧温度的影响较大。FTIR 表征结果说明羧酸根离子主要以单齿配位和双齿配位形式与金属离子结合。TG 表征结果表明催化剂的质量几乎没有变化，热稳定性较好。

　　$CoO/ZrO_2$ 催化水解 HCFC-22 和 CFC-12：采用共沉淀法和溶液燃烧法制备 $CoO/ZrO_2$，详细研究了单一金属氧化物 CoO、$ZrO_2$ 催化水解 HCFC-22 和 CFC-12，考察了催化剂 $CoO/ZrO_2$ 的 Co 与 Zr 摩尔比、焙烧温度和时间、用量。催化剂 $CoO/ZrO_2$ 经 SEM、XRD、FTIR、$N_2$ 等温吸附-脱附、TG 表征。结果表明，采用共沉淀法制备的催化剂，当水解温度为 100℃时，CFC-12 水解率达到 98.81%，采用溶液燃烧法制备的催化剂，当水解温度为 100℃时，CFC-12 水解率仅为 83.06%。使用单一金属氧化物 $ZrO_2$ 催化水解 CFC-12，当水解温度为 100℃时，催化水解率为 82.44%；使用单一金属氧化物 CoO 催化水解 CFC-12，当水解温度为 100℃时，水解率为 80.86%；复合材料 $CoO/ZrO_2$ 催化水解 CFC-12，当水解温度为 100℃时，水解率为 98.81%，表明复合催化剂的催化活性高于单一组分催化活性。催化剂的用量过多或过少都不利于催化水解的进行，当催化剂用量为 1.50 g 时，达到催化水解 CFC-12 的最佳水解率(98%以上)。催化剂的制备方法、制备物料的摩尔比、焙烧温度和焙烧时间以及催化剂用量对 CFC-12 的水解率都有一定影响，以水解率为评价标准得出催化剂的最佳制备条件为：制备方法采用共沉淀法、CoO 和 $ZrO_2$ 的摩尔比为 1∶2，焙烧温度为 500℃，焙烧时间为 5 h；催化水解条件为：催化剂用量为 1.50 g，催化水解温度为 100℃。

　　TiO$_2$/ZrO$_2$ 催化水解 CF$_4$：采用共沉淀法制备 TiO$_2$/ZrO$_2$ 催化剂催化水解 CF$_4$，制备条件为：TiO$_2$ 和 ZrO$_2$ 摩尔比为 1：1，水浴温度为 70℃，煅烧温度为 700℃，煅烧时间为 5 h。采用优化后制备的 TiO$_2$/ZrO$_2$ 催化剂，对 CF$_4$ 进行催化水解，表现出优异的催化活性。实验结果表明，在 300℃ 的水解条件和气体总流速为 10mL/min 时，CF$_4$ 水解率可达到 99.54%。通过考察催化剂制备条件、水解反应条件等因素对水解性能的影响，通过对煅烧时间、温度、物料摩尔比、水解温度等多因素开展研究，揭示不同条件下催化水解 CF$_4$ 的规律，为进一步优化催化剂的设计提供了依据。利用 XRD、BET、SEM、NH$_3$-TPD、FTIR、XPS 等手段对制备的催化剂进行分析。通过 XRD、BET 分析可知，TiZrO 的晶粒尺寸为 68nm，催化剂的分散度较高，比表面积和孔体积最大，是一种微孔结构，孔径结构分布较均匀，同时具有发达的孔隙结构。SEM 表征结果表明催化剂的表面形貌呈现不规则块状结构，表面分布着较多的孔隙结构，反应后的催化剂表面附着了棉絮状的细小颗粒物。NH$_3$-TPD 表征结果表明摩尔比为 1：1，催化剂在弱酸位点和强酸位点有更高的酸性含量。XPS 表征结果表明吸附氧比晶格氧更加活泼，吸附氧含量越高，越有利于提高催化剂的催化活性，随着反应的进行生成 TiF$_4$，使得催化剂失活。对失活的催化剂采用超声水洗和高温焙烧两种再生方法，发现高温焙烧不仅可以去除催化剂表面物理吸附的中间产物，还可以去除通过化学键合成较强地吸附在催化剂表面的中间产物。采用高温焙烧恢复催化剂的活性效果优于超声水洗。

　　本书的完成，首先要感谢国家自然科学基金项目(51568068)和云南省科技厅科技计划项目(202105AC160054)的资助；其次感谢课题组贾丽娟、段开娇、王访、高冀芸等老师和直接参与课题研究的李志倩、谭小芳、毛军豪、郑振等硕士研究生；最后感谢在工作和生活上关心和支持我的家人，特别是女儿和儿子。全书由刘天成统稿，夏义琚和李韬参与第 4、5 章内容的校订和修正工作。本书由云南民族大学学科建设经费资助出版，科学出版社霍志国、郑欣虹编辑为本书出版倾注了大量心血和帮助，在此一并表示衷心感谢。

　　由于作者学识水平有限，书中难免会有疏漏之处，敬请读者批评指正。

刘天成

2024 年 12 月于昆明

# 目　　录

# 第1章 绪 论

## 1.1 选题背景

### 1.1.1 研究目的

氟利昂，商品名 Freon，英文名 chlorofluorocarbons，通常在常温常压下以气态存在，带有芳香气味，主要由 C、H、Cl、F 四种元素构成，是氟氯代甲烷和氟氯代乙烷的总称，简写为 CFCs。按构成进行分类，氟利昂可分为全氟氯烃(CFCs)、氢氟烃(HFCs)、含氢氯氟烃(HCFCs)、全氟烃(PFCs)等。在低温低压下，氟利昂以液态存在，呈透明状，能以任意比例与其混溶的物质是一元醇、卤代烃或其他有机溶剂。因为氟利昂的化学稳定性强、热稳定性好、表面张力较小、气相和液相转变容易、无毒性、亲油、价格低廉等，在制冷、发泡、溶剂、喷雾剂以及电子元件的清洗等方面广泛应用[1-4]。在实行对氟利昂的控制之前，其产量高达 144 万 t，全球向大气中排放的氟利昂已经高达 2000 万 t[5]。

不但如此，氟利昂进入大气中还能使臭氧含量降低，形成臭氧空洞，紫外线将直接威胁地球上的生物，同时，将引起平流层下部和对流层温度上升进而导致温室效应[6,7]。在臭氧层破坏、酸雨、气候变化异常三大地球环境危机中，就有臭氧层破坏和气候变化异常这两大危机直接与氟利昂的排放有关，尤其是 CFCs 类型[8]。氟利昂的排放严重影响了大气的垂直温度结构和大气的辐射平衡，导致气候变化异常，从而严重威胁地球的生态环境安全[9]。氟利昂也是非常重要的温室气体，虽然氟利昂的浓度在大气中明显比其他温室气体低，在造成温室效应的主要气体中，$CO_2$ 占据主要地位，氟利昂的温室效应却是 $CO_2$ 的 3400~15000 倍[10-13]。面对氟利昂引发的一系列环境问题，世界各国都开始积极行动起来以解决氟利昂造成的环境污染问题。

1984 年，联合国制定了《特伦多备忘录》，要求世界各国减少对 CFCs 的使用；1985 年，最早使用氟利昂的 24 个发达国家共同通过并签署了《保护臭氧层维也纳公约》[14]；1987 年，在联合国环境规划署(United Nations Environment Programme, UNEP)的组织下，制定了《关于消耗臭氧层物质的蒙特利尔议定书》，该议定书规定了禁止排放受控物种的日期，并且强调了减少 8 种破坏臭氧层物质的使用要求，之后有 163 个国家批准了该议定书的要求。中国在 1989 年加入《保护臭氧层维也纳公约》，1991 年加入《关于消耗臭氧层物质的蒙特利尔议定书》。1993 年，中国政府制定了《中国消耗臭氧层物质逐步淘汰的国家方案》，该方案确定了我国将在 2010 年全面淘汰破坏臭氧层的物质[15]。2002 年，关于把"防止平流层臭氧损耗"作为保护大气层的四个方案领域之一的提议在联合国《21 世纪议程》中得以确定[16]。2007 年，在加拿大召开了调整《关于消耗臭氧层物质的蒙特利尔议定书》的缔约方第 19 次会议，确定了加速全面淘汰 HCFCs 的方案，具体是在 2015 年发达国家对 HCFCs 的使用量缩减 95%，在 2020～2030 年仅用于日常维修的使用量是 5%；同时要求发展中国家在 2015 年、2020 年、2025 年的使用量依次缩减 15%、35%、7.5%，到 2030～2040 年只用于日常维修，使用量为 5%[17]。2015 年，世界气候大会在巴黎成功举办，会上达成了具有法律约束力的《巴黎协定》[18]，该协定提出各国必须拿出应对全球气候变化的措施，才能降低气候变化对地球带来的危害,主要措施是将全球平均上升温度控制在工业前的 1.5℃以内[19]。会议还提到减排和限排的任务要一直进行下去。

对于日益严峻的全球环境问题，氟利昂产生的污染问题已不容小视，各国学者对其展开了积极全面的研究，目的是找到能无害化资源化解决目前氟利昂带来的环境问题的方法和找到不会对环境造成影响的氟利昂替代品。在各国努力下取得了一定的成果，但也存在一些不足。因此，完善氟利昂替代品的开发且研发出一种可以无害资源化处理氟利昂的技术已经成为全球热点科研项目。

人类在不断探索可以处理氟利昂污染的方法和技术。1990 年，日本正式开始投入经费来研发 CFC-12 的无害化处理技术，成功地利用高频等离子体将 CFC-12 分解。日本这一举措使其成为第一个将氟利昂无害化处理的国家[20]。之后，欧美国家和地区研发了利用催化剂来催化水解氟利昂的技术并取得了一定的成就。我国在处理氟利昂的研究方法比发达国家起步晚，但也取得了不错的成就，例如，复旦大学的研究氟利昂相关课题组利用沸石、固体酸 $WO_3/M_xO_y$(M=Ti, Sn, Fe, Zr) 来分解 CFC-11 和 CFC-12 并取得了一定的效果；昆明理工大学的相关研究课题组用燃烧水解法来分解 CFC-12，分解率高达 99%以上[21]。世界各国有很多科研人员在利用催化剂催化水解氟利昂方面做了大量研究，合成的催化剂种类较多。但从目前的文献报道来看，催化水解技术停留在实验室阶段，没能将其用于工业化。因此，将氟利昂大规模无害资源化处理是本书作者课题组的研究目标。

目前，解决氟利昂污染问题的途径主要包括限制和禁用[22]、替代品的开发[23]和无害化处理氟利昂。以 CFC-12 为例，其与水蒸气混合，以氮气作为平衡气体，将上述混合气体通过填有催化剂的催化反应床，进行催化水解 CFC-12 的反应。该研究为低温降解氟利昂提供了一定的基础，对氟利昂的无害化处理具有重要的指导意义和现实意义。

### 1.1.2 研究意义

氟利昂由于具有无毒、无腐蚀性和热稳定性好等特性，被广泛应用于工业和生活的方方面面。但如未能妥善应用其优势，其优势可能会成为弊端，因为其稳定性较好，所以排放到大气中将会稳定存在数十年甚至上百年。在大气的对流层中氟利昂属于惰性气体，仅仅通过自然作用无法将其完全除去，只能在对流层中不断聚集，达到一定浓度之后就会溢流到平流层，在平流层中氟利昂与紫外线会发生光分解，产物是 ClO·，ClO·会消耗 $O_3$，进而对臭氧层造成破坏[24]。虽然大气中的氟利昂含量很低，但自从罗兰(Rowland)教授和莫利纳(Molina)博士提出氟利昂破坏臭氧层的主要原因[25]，华裔物理学家卢庆彬教授也认同该观点并提出氟氯烃是导致全球气候变暖的罪魁祸首。氟利昂的存在，破坏了臭氧层，没有了臭氧层的保护，照射到地球表面的紫外线就会变强，紫外线会影响人的眼睛、皮肤及免疫系统，增加患白内障和皮肤癌的概率[26]。研究证实 CFCs 是温室气体。氟利昂不仅严重破坏了地球环境和生态平衡，同时还会威胁人类的身体健康。因此，解决氟利昂带来的环境污染问题迫在眉睫，世界各国的专家学者都在研究怎么解决这个问题。

解决氟利昂带来的环境问题有三种途径：①禁止排放氟利昂，使其达到零排放。各国都赞同在蒙特利尔会议和哥本哈根世界气候大会中提出的在全球范围内禁止生产和使用氟利昂的提议，在《关于消耗臭氧层物质的蒙特利尔议定书》中确定 CFC-12 为一类受控物质，并规定在 2020 年淘汰 HCFC-22[27]。②氟利昂替代品的开发。大力投资合成氟利昂的替代品从而淘汰氟利昂[28]。③最重要的方法是对现存氟利昂进行无害资源化处理。氟利昂的无害资源化处理技术的研发一度成为科研热点，目前，较成熟的氟利昂处理技术主要有高温热破坏法、等离子体法、射线分解法、电化学分解法、超临界水解法、钠蒸气反应法、催化加氢法等[29-32]。氟利昂无害化处理技术研发仍需继续努力的原因在于这些方法存在一定的不足，需要补齐短板。近年来，催化水解氟利昂被认为是较为安全高效的处理方法。该方法主要有以下优点：①在热力学上易进行，分解温度比其他方法低；②参与反应的主要是水蒸气，易获得；③催化水解的工艺流程较简单，易搭建；④水解产物是 HF、HCl，容易通过碱液吸收处理；⑤没有产生二次污染的副产物，如燃烧法产生的二噁英和飞灰等。本书针对氧化锆基催化剂催化水解低浓度氟利昂进行了基础性的研究，合成了一种新的催化剂来催化水解氟利昂，以氟利昂的水解率为指标，对催化剂的制备方法、制备条件、催化水解条件以及催化剂用量对水解率的影响进行了系统研究，旨在降低催化水解氟利昂的水解温度，提高催化水解效率，解决氟利昂带来的环境污染问题。该研究在无害化处理氟利昂技术研发方面提供了一定的基础。

### 1.1.3　研究内容

本书以 HCFC-22（是目前氟利昂替代物使用量最大的物质之一）和 CFC-12（目前研究氟利昂问题的典型化合物之一）为处理对象，将氟利昂（HCFC-22 或 CFC-12）与水蒸气混合后通过填有催化剂的反应床，混合气体与催化剂进行催化水解反应，反应后的气体通过碱液吸收，避免了二次污染，以此来达到氟利昂的无害资源化处理。本书分别对 HCFC-22 及 CFC-12 进行催化水解研究，得出两者的催化水解工艺。主要研究内容为催化剂类型选择及制备条件；氟利昂与水蒸气的混合技术；低浓度氟利昂水解工艺条件。为开拓氟利昂无害化及资源化提供新的应用基础，具体研究内容主要包括如下几点。

（1）复合材料 $Al_2O_3/ZrO_2$ 催化水解 HCFC-22 和 CFC-12 的基础研究。对催化剂的制备方法、制备条件、催化水解条件以及催化剂用量对水解率的影响进行了系统研究，从催化剂的焙烧时间、焙烧温度、物料摩尔比和催化实验的水解温度角度探讨了各因素对催化水解 HCFC-22 和 CFC-12 水解率的影响。

（2）复合材料 $ZnO/ZrO_2$ 催化水解 HCFC-22 和 CFC-12 的基础研究。从催化剂摩尔比、焙烧温度、焙烧时间、催化剂的用量、催化水解温度等方面考察了各因素对 HCFC-22 和 CFC-12 水解率的影响。在本书作者课题组研究的基础上，探究了 $ZnO(Al_2O_3)/ZrO_2$ 催化剂的催化水解温度、催化剂用量、制作成本等方面对催化水解 HCFC-22 和 CFC-12 水解率的影响。

（3）复合材料 $CoO/ZrO_2$ 催化水解 HCFC-22 和 CFC-12 的基础研究。对催化剂的制备方法、制备条件、催化水解条件以及催化剂用量对水解率的影响进行了系统研究，从催化剂的焙烧时间、焙烧温度、物料摩尔比和催化实验的水解温度角度探讨了各因素对催化水解 HCFC-22 和 CFC-12 水解率的影响。

（4）$TiO_2/ZrO_2$ 催化水解 $CF_4$ 的基础研究。考察了催化剂的制备条件、水解反应条件等因素对水解性能的影响。通过对煅烧时间、温度、物料摩尔比、水解温度等多因素开展研究，揭示不同条件下催化水解 $CF_4$ 的规律，为进一步优化催化剂的设计提供了依据。

## 1.2 催化水解氟利昂技术研究现状

### 1.2.1 氟利昂的性质

氟利昂,在低温低压下,以液态存在,呈透明状,能与其以任意比例混溶的物质是一元醇、卤代烃或其他有机溶剂[33]。有一定的可燃性,随着氢原子的减少其可燃性随之降低;稳定性随着氟氯原子的增加而增加,随着氯原子的增加,氟利昂在大气中的寿命增加,对臭氧的破坏能力增强[34]。氟利昂的性质大都相似,本书选择 HCFC-22 和 CFC-12 进行研究,其基本性质如表 1.1 所示。

表 1.1 HCFC-22 和 CFC-12 的基本性质

| 名称 | 分子式 | 分子量 | 熔点/℃ | 沸点/℃ | 稳定性 | 毒性 |
| --- | --- | --- | --- | --- | --- | --- |
| HCFC-22 | $CHClF_2$ | 86.47 | −146 | −40.8 | 稳定 | 低毒 |
| CFC-12 | $CCl_2F_2$ | 120.91 | −158 | −29.8 | 较稳定 | 低毒 |

### 1.2.2 氟利昂的生产

1. CFC-12 的生产

采用甲烷氟氯化法、置换法和歧化反应等方法生产 CFCs,不同的反应需要选择不同的原料和催化剂。

目前,国内生产 CFC-12(二氟二氯甲烷,$CCl_2F_2$)的方法主要有液相催化法和歧化反应法,生产工艺基本与大多数国外生产企业一致,即采用 HF 和 $CCl_4$ 为原料,加入 $SbCl_5$ 作为催化剂,在加压反应釜中进行液相催化反应,反应原理如下。

主反应:

$$CCl_4 + 2HF \xrightarrow{SbCl_5} CCl_2F_2 + 2HCl \quad\quad (1.1)$$

副反应:

$$CCl_4 + HF \xrightarrow{SbCl_5} CCl_3F + HCl \quad\quad (1.2)$$

$$CCl_4 + 3HF \xrightarrow{SbCl_5} CClF_3 + 3HCl \quad\quad (1.3)$$

从反应式可以看出,反应过程中除了生成 CFC-12 外,还会掺杂少量的 CFC-11、CFC-13、HF、$CCl_4$ 和大量的 HCl,需进行精制、分离、吸收,除去杂质气后最终冷凝得到 CFC-12 成品。生产 CFC-12 的成本低廉,这同时也是 CFC-12 能广泛应用于生产和生活的主要原因之一。

2. HCFC-22 的生产

HCFC-22（二氟一氯甲烷，$CHClF_2$）是 CFC-12 的主要替代品，原料采用 $CHCl_3$ 和 HF，反应原理如下：

$$CHCl_3 + 2HF \longrightarrow CHClF_2 + 2HCl \tag{1.4}$$

相比 CFC-12，生产 HCFC-22 的工艺较简单[35]，成本也较低，但都存在一定的问题，CFC-12 和 HCFC-22 的生产都伴随着大量 HCl 产生，这将对环境造成污染。目前，HCFC-22 是使用最广泛的氟利昂替代品之一，虽然其臭氧破坏系数（ODP）远远小于 CFC-12，但也会损耗臭氧层，加重温室效应。因此，需要加快淘汰 HCFC-22。

### 1.2.3　氟利昂的应用

20 世纪 20～30 年代，制冷设备、冰箱和空调的制冷剂，工业中各种软硬泡沫的发泡剂，以及医用气雾剂和新鲜空气的气溶胶主要是氟利昂，因为氟利昂有化学性质稳定、毒性低、临界温度高和容易被液化等优良特性。目前还在使用氟利昂作制冷剂的有冷库[36]。随着对氟利昂的管控越来越严格，如 R-134a、R-32和 R-410a 等许多制冷剂将面临全球限制，同时，大量使用 R-410a 制冷剂出口的空调，也将在一段时间内进行替换[37]。

### 1.2.4　氟利昂的危害

1. 破坏臭氧层

臭氧是 Schanbien 博士最先提出的，淡蓝色，有刺激性气味的气体。氧化性极强，常被用作杀菌剂、漂白剂和消毒剂等。臭氧层距离地面的高度为 10～50 km[38]。臭氧层就像一把伞阻挡了紫外线照到地面，从而避免紫外线危害地球的生物[39]。浓度低于 1 ppm 的臭氧在空气中对人体是没有危害的，反而可以杀菌消毒和刺激中枢神经系统并加快血液循环。臭氧减少，导致地球表面紫外线辐射增加，人类患皮肤癌、恶性黑素瘤、白内障的可能性显著增加，同时会导致植物高度降低，叶面积减少[40]。动植物与海洋生物的生长也将受到影响，破坏生物地球化学循环[41]。紫外线照射还会使具有使用价值的合成材料和自然材料出现退化现象。

氟利昂在常温下是一种惰性气体，性质较稳定。在使用过程中氟利昂一旦排放到大气中，在对流层中是惰性气体，可以在大气中存在数十年甚至上百年[42]。因为没有办法在对流层中自然消除，所以在对流层中氟利昂浓度加速上升，然后就从对流层进入了平流层，平流层中有紫外线，受到紫外线的照射会分解出氯自由基($Cl\cdot$)，产生的氯自由基会消耗臭氧[43]，一个氯自由基可以与 10 万个以上的臭氧分子发生链式反应[44]。因此，氯自由基在臭氧层中的存在会给臭氧层带来极大的破坏力。破坏臭氧层的反应如下：

$$CF_xCl_y \xrightarrow{\text{UV}} CF_xCl_{y-1} + Cl\cdot \tag{1.5}$$

$$Cl\cdot + O_3 \longrightarrow ClO\cdot + O_2 \tag{1.6}$$

$$O_2 \longrightarrow 2O\cdot \tag{1.7}$$

$$ClO\cdot + O\cdot \longrightarrow Cl\cdot + O_2 \tag{1.8}$$

$$O\cdot + O_3 \longrightarrow O_2 + O_2 \tag{1.9}$$

$$ClO\cdot + O_3 \longrightarrow O_2 + ClO_2 \tag{1.10}$$

由以上反应可知，在消耗臭氧的反应过程中，理论上氯自由基没有减少或消失，在反应中氯自由基相当于是作为催化剂参与反应，但从较严格的催化剂定义来看，它不属于催化剂，因为它参与了该反应[45]。从以上反应还可以看出，氟利昂对臭氧层的破坏力巨大，因此氟利昂的生产和使用必须被限制。

2. 全球温暖化

氟利昂除了给臭氧层带来严重的破坏之外，还会使全球气温升高。$CO_2$ 是使全球变暖的主要温室气体，但氟利昂的温室效应潜能值是 $CO_2$ 的一千倍以上[46]。氟利昂的消耗臭氧潜能值(ozone depletion potential，ODP)和温室效应潜能值(global warming potential，GWP)与 $CO_2$ 的对比如表 1.2 所示。

表 1.2 $CO_2$、CFC-12 和 HCFC-22 在对流层中的寿命、ODP 和 GWP

| 化学物质 | 在对流层中的寿命/年 | ODP | GWP |
| --- | --- | --- | --- |
| $CO_2$ | 120 | 0 | 1 |
| CFC-12 | 100 | 1 | 10600 |
| HCFC-22 | 15 | 0.05 | 1500 |

注：ODP 表示消耗臭氧潜能值，以 CFC-11 作为基准物，其 ODP=1。GWP 表示温室效应潜能值，以 $CO_2$ 为基准物，查阅政府间气候变化专门委员会 2001 年资料可知，GWP($CO_2$)=1，时间框架为 100 年。

由表 1.2 可知，HCFC-22 的存活寿命、消耗臭氧潜能值和温室效应潜能值都远远小于 CFC-12，但也会破坏臭氧层及带来温室效应。氟利昂的大量排放会使全球气温升高，从而加速两极冰川的融化，进而引起海平面逐渐上升，陆地面积逐渐减少,生态平衡遭到严重破坏,威胁人类的生活与生存[47,48]。

### 1.2.5 氟利昂危害的解决方案

#### 1. 禁止生产和使用氟利昂

自从氟利昂的危害被证实,尽管氟利昂给人类也带来了很多的益处,但是氟利昂会极大地破坏生态,所以必须加快禁止生产和使用[49,50]。在 20 世纪 80 年代,全球各国都在努力减少氟利昂对臭氧层的破坏。各国也积极响应并采取了相关的措施来解决氟利昂问题。1985 年 3 月,《保护臭氧层维也纳公约》在 24 个国家的共同讨论后进行了签订。1987 年 9 月签订的《关于消耗臭氧层物质的蒙特利尔议定书》,该议定书规定了减少 8 种危害臭氧层物质的计划。1990 年 6 月,伦敦会议制定了《蒙特利尔协定补充议定书》。在 1992 年 11 月举行的第四届蒙特利尔议定书缔约国部长会议,决定在 1996 年全世界完全停止生产和使用氟利昂;1994 年完全禁止卤代烃;2004 年氟氯烃的替代物的用量减少 35%,到 2030 年完全禁止。这两个会议还制定了原计划全世界到 2000 年最终放弃氟氯烃的时间表。第一类受控物质的淘汰时间如表 1.3 所示[51]。

表 1.3 《关于消耗臭氧层物质的蒙特利尔议定书》中部分第一类受控物质的淘汰时间表

| 氟利昂 | 地区 | 淘汰时间及要求 |
| --- | --- | --- |
| CFC-11、CFC-12、CFC-113、CFC-114、CFC-115 | 发达国家 | 1989 年 7 月 1 日起生产量和消费量冻结在 1986 年的水平 |
| | | 1994 年 1 月 1 日起削减冻结水平的 75% |
| | | 1996 年 1 月 1 日起完全停止生产和消费 |
| | 发展中国家 | 1999 年 7 月 1 日起生产量和消费量冻结在 1995～1997 三年的平均水平 |
| | | 2005 年 1 月 1 日起削减冻结水平的 75% |
| | | 2007 年 1 月 1 日起削减冻结水平的 85% |
| | | 2010 年 1 月 1 日起完全停止生产和消费 |

1997 年 12 月多国在日本制定了《京都议定书》,建议把大气中温室气体的含量控制在一个合适的水平,以防止剧烈的气候变化对人类造成危害。截至 2002 年 2 月,有 183 个国家加入了《关于消耗臭氧层物质的蒙特利尔议定书》[52]。对于 HCFC 类氟利昂做出了使用时间规定:2020 年之前可以使用;采用 HCFC 作制冷剂的制冷系统在 2020～2040 年禁止使用;在 2040 年全部淘汰 HCFC 制冷剂。1989 年,我国加入《保护臭氧层维也纳公约》;1992 年,我国加入《关于消耗臭

氧层物质的蒙特利尔议定书》。

随着生态环境越来越差，更多的国家开始重视环境保护。我国也积极采取了相关措施加入减少氟利昂危害的行动，1993 年 1 月，通过了《中国消耗臭氧层物质逐步淘汰的国家方案》，确定可作为制冷剂的有 R-22、R-123、R-134 和氨。2007年，发布了《关于禁止全氯氟烃(CFCs)物质生产的公告》，规定除了日常维护和一些特殊用途外，完全淘汰全氟氯烃(CFCs)和哈龙，将《关于消耗臭氧层物质的蒙特利尔议定书》规定的目标完成时间提前了两年半[53]。2010 年 4 月，正式颁布了《消耗臭氧层物质管理条例》（国务院令第 573 号），并于 6 月开始正式实施，加强对消耗臭氧层物质的管理。全球公认最成功的多边环境条约是《关于消耗臭氧层物质的蒙特利尔议定书》，多年来经过各缔约方的不懈努力，有效地遏制了臭氧层的破坏，并带来了巨大的环境和健康效益。中国累计淘汰和消耗臭氧层物质约 28 万 t，在发展中国家中，其淘汰总量达一半以上，在《关于消耗臭氧层物质的蒙特利尔议定书》的履行方面做出了巨大的贡献[56,57]。

目前，完全淘汰氟利昂困难重重的原因：一是要一些工业国家立即放弃氟氯烃的生产和使用，他们并不愿意；二是他们更不愿意自掏腰包来支持第三世界国家放弃氯氟烃。但从破坏臭氧层物质的释放量来看，工业国家理应做出更多的努力，因为他们已经生产和使用氯氟烃的时间达数十年之久，占全世界向平流层释放的氯氟烃、卤代烃和其他破坏臭氧层物质的 90%以上。关于支持第三世界国家放弃氯氟烃，需要巨额的基金支持，但是一些工业国家对于首期的基金款都未支付。各种迹象表明，要在 21 世纪内完全消除氟利昂，任务仍是十分艰巨的。

### 2. 氟利昂替代品开发

由于氟利昂较多的优良性质，被广泛应用于工业和农业并占据重要地位。但氟利昂破坏生态的观点已经成为公认的事实，因此对氟利昂替代品的开发迫在眉睫，但同时开发替代品也并不简单。首先，替代品的物性要符合稳定替代物的各种标准；其次，要科学经济地搭建生产工艺，考虑对环境的影响是任何氯氟烃替代品选择的必要条件[58]。从长远来看，氟利昂替代品需具备以下几个特性：①温室效应潜能值(GWP)和消耗臭氧潜能值(ODP)都小于 0.1；②替代品需具备以前使用的 CFCs 产品性能，具体来讲就是具有制备制冷剂、发泡剂、气雾剂等所需要的沸点、传热特性、良好的热力学特性、高效和使用安全等性能[59]；③具备实际可行性、安全性和经济性，即替代品应适用于目前的生产技术和设备，对客户来说具备较高的安全性和性价比[60]。

目前，制冷剂 CFC-12 通常使用 HCFC-22、HFC-134a 和 HCF-152a 作为替代品；发泡剂 CFC-11 的主要替代品包括 HCFC-12 和 HCFC-141b；清洗剂 CFC-113 的替代品是 HCFC-225ca 和 HCFC-225cb 的混合物[61,62]。一些常见替代品及被替代品的性质如表 1.4 所示[4]。

**表 1.4　常见替代品及被替代品的物理特性**

| 名称 | 分子式 | 熔点/℃ | 沸点/℃ | ODP | GWP |
|------|--------|--------|--------|-----|-----|
| R–22 | $CHClF_2$ | –160 | –40.82 | 0.05 | 0.098 |
| R–134a | $CF_3CH_2F$ | –96.6 | –26.2 | 0 | 0.039 |
| R–152a | $CH_3CHF_2$ | –117 | –25.0 | 0 | 0.009 |
| R–123 | $CHCl_2CF_3$ | — | 27.0 | 0.02 | 0.005 |
| R–32 | $CH_2F_2$ | –136 | –51.6 | 0 | 0.033 |
| R–12 | $CCl_2F_2$ | –155 | –29.8 | 1 | 1 |
| R–11 | $CCl_3F$ | –111 | 23.82 | 1 | 0.35 |
| R–113 | $CCl_2FCClF_2$ | — | 47.57 | 0.9 | 1.551 |

就已研发出的替代品来看，HCFC-22 是使用最广泛的，虽然这些物质对生态环境的破坏力有所降低，但仍有一定的破坏，显然这些替代品无法长期使用[63]。

综合分析替代品开发的基本情况可以看出，这一任务将会长期进行下去，进行过程中要始终铭记环境与资源的可持续性发展理念。研究发现，替代品的开发可以从以下方面着手：①目前在大范围使用的一种氟利昂的类型是人工合成型的，对于这种类型的氟利昂，我国应该投入更多的时间与精力。②从长远的地球生态可持续性发展来看，氟利昂替代品需要满足绿色环保的要求。相比于合成型氟利昂，存在于地球环境中的天然制冷化合物对环境的影响较小，可作为替代品研发方面的切入点。③冰箱和空调此类家用电器基本每家每户都在使用，消耗的电能也是一个大数目，并且电能要消耗的能源都是不可再生的，如化石燃料等，后期燃烧产物会使全球气温升高，进而必然会引起一系列的问题。因此，为了避免这一系列问题，对制冷技术进行改进是必须的，同时研发出有效环保的制冷剂也至关重要[64]。

**3. 氟利昂的无害化处理技术**

氟利昂的生产和使用已经受到世界各国的严格把控，对于绿色环保替代品的开发也在加速进行。目前还存在一个迫切需要解决的难题，即大量废旧设备中存在的氟利昂该怎么处理[65]？如果这些气体不经过任何处理就排放到大气中，将会带来一系列无法预知的严重后果，所以，对这部分氟利昂进行无害化处理成了解决氟利昂问题的首要任务。换一个思路如果能将这部分氟利昂分解为对我们有用且对环境无影响的物质，这将是环保界一项非常有意义的研究。

关于氟利昂的无害化处理技术，发达国家比我国更先一步涉猎，在无害化处理方面已经取得了一定的成果。氟利昂的无害化处理技术主要是指采用物理化学法或生物技术将氟利昂分解成对环境污染小的物质，最终目标是分解成无污染且对社会有用的物质，目前主要有高温热破坏法、等离子体法、超临界水解法、钠蒸气反应法等。

从表 1.5 可知，经过全世界的共同努力已经研发出了很多氟利昂的无害化处理技术，但各技术都还存在一定的缺点，因此，需要找到一种分解率高、成本低、工艺流程简单且不会产生二次污染的氟利昂处理技术。

表 1.5　常见的氟利昂分解方法

| 方法 | 优点 | 缺点 |
| --- | --- | --- |
| 高温热破坏法 | 操作流程简单 | 成本较高，产生二次污染 |
| 等离子体法 | 彻底分解 | 难以控制操作条件 |
| 高能射线分解法 | 操作温度低、分解率高 | 成本较高 |
| 电化学分解法 | 操作温度低 | 成本较高 |
| 超临界水解法 | 分解率高 | 高压、高成本 |
| 钠蒸气反应法 | 分解率高 | 耗能大、成本高 |
| 催化加氢法 | 做到了无害化处理 | 成本较高 |

1）高温热破坏法

高温热破坏法是一种将氟利昂在高温条件下进行分解的方法，产物包括 HF、HCl 及有机氯化物等。该方法是物理化学法处理氟利昂中比较成熟的一种技术，常用方法有液体喷射焚烧法、城市垃圾焚烧炉、催化焚烧法、反应器分解法、水泥转炉焚烧法等。

昆明理工大学的宁平教授及其研究小组[66]对该方法也颇有研究，并取得了不错的成就，氟利昂的分解率达到 85%以上。具体方法为：预混合氟利昂、氧气、燃料和水蒸气，然后燃烧处理，产生的尾气通过碱液吸收固定为无机盐。该方法的核心是利用高温促进氟利昂的水解，实现了氟利昂的无害化资源化处理。其反应式为

$$CCl_2F_2 + 2\,H_2O = 2\,HCl + 2\,HF + CO_2 \tag{1.11}$$

　　1994 年，日本东京政府和秩父小野田株式会社共同研发出了一种氟利昂的处理技术——水泥窑法[67-69]。具体操作流程是将氟利昂注入有水蒸气存在，温度为 1500℃的水泥窑中，产物为 HF、HCl 和 $CO_2$，HF 和 HCl 与水泥分解产生的 CaO 反应，分别生成 $CaF_2$ 和 $CaCl_2$。该方法可以大批量处理氟利昂且效率极高。

　　高温热破坏法反应机理简单、工艺流程简便、反应条件易控制，对氟利昂的分解率在 99%以上，但也存在一定的缺陷，例如，产物中有酸性气体，会腐蚀设备，导致设备的使用寿命缩短，从而加大成本，同时反应过程中产生的有毒气体会造成二次污染。

　　2) 等离子体法

　　等离子体法[70]分解氟利昂的具体流程是将氟利昂和水蒸气混合通入 5000～10000℃高温的高频感应氩等离子体气流中，利用高频电源产生电晕放电对氟利昂进行分解，产物为 HF、HCl 和 $CO_2$[71]。该方法有以下优点：①小容积的电弧式等离子体发生器可以存储较大的能量；②能达到很高的温度；③温度调节范围较宽；④能将氟利昂中的碳全部转化为 $CO_2$，氟氯等卤素在高温下能与氢元素结合[72]。

　　随着各国对等离子体法的深入研究，研发出了越来越多的无害化处理氟利昂的等离子体技术。比较常见的是德国 Fraunhofer 化工技术学院研发出的低温（40～100℃）等离子体技术[73]；日本 A. Gal 等研发出常温下处理低浓度氟利昂的等离子体技术[74]；中国研发出分解 CFC-12 的冷等离子体技术和电感耦合等离子体（ICP）技术[75,76]。几种常见的等离子体技术特点如表 1.6 所示。

表 1.6　常见等离子体技术的特点

| 技术名称 | 操作条件 | 特点 |
| --- | --- | --- |
| 高温等离子体技术 | 5000～10000℃ | 产物简单，但耗能大、成本高 |
| 低温等离子体技术 | 40～100℃ | 耗能小、成本高 |
| 常温等离子体技术 | 常温 | 分解率高，但成本较高 |
| 冷等离子体技术 | 加氢 | 高效分解低浓度氟利昂 |
| 电感耦合等离子体技术 | 1000℃以上 | 耗能大，但采用空气或氧气作为支持气，成本降低 |

　　由表 1.6 可以看出，目前研发出的大量等离子体处理技术都存在一定的缺点，因此对氟利昂无害化处理技术的探讨仍要继续推进，迫切需要一种高效低成本的氟利昂处理技术。

3）高能射线分解法

高能射线分解法是由东京电力公司和 KRI 公司联合研发的，以氟利昂在大气中的光解原理为理论依据，用最佳降解波长的光来对特定氟利昂进行光分解[77,78]。具体方法是：在 150℃条件下，将氟利昂与氧气按一定比例进行混合后通入反应塔，塔内装有低压汞灯，汞灯发射出波长为 185 nm 的紫外线进行照射，分解产物为氯气和氯氟烃基团，这些基团的半衰期仅为几秒，分解产物会合成氟聚合物，这些氟聚合物的分子量较低，之后经过聚碘膜，气体从气流中被分离出来[79]。比较典型的是日本京都立放射性同位素研究所研发的以钴-60 作为辐射源分解 CFC-113，其分解率达到 90%以上。日本大阪大学工程系的研究人员 K. Hirai 等[80]研发出了一种利用超声波分解 CFCs 和 HCFCs 的技术，其分解率在 1 h 内可达 85%以上。

4）电化学分解法

电化学分解法是一种利用电极对氟氯烃物质进行分解来达到处理氟利昂目的的技术。日本的研究学者 N. Sonoyama 等[81]通过气体扩散电极（GDEs）来对 CFC-12 进行电化学分解，其分解率达到 99.99%以上。该方法具有以下优点：①反应条件温和；②分解率较高；③分解产物是具有商业价值的氟氯烃替代物 HFC-32，其产率达到 92.6%。该方法在实际应用方面具有较大的潜能，但目前仍处于实验研究阶段，没有系统地研发出来。如果该方法能系统化应用于无害化及资源化处理氟利昂方面，这对于保护臭氧层及生态环境将具有重大的研究意义。

5）超临界水解法

水的临界点和纯水的蒸汽压曲线的终点是同一个，该点处水的气态和液态同时存在，若高于这个点的温度和压力，则此时的水是超临界水。利超临界水的特性可以分解氟利昂，之后将这种方法称为超临界水解法。Hagen 等[82]利用 573 K、20～400 MPa 的超临界水分解氟利昂。日本佐藤研究组研发了一种超临界水液相分解法，具体方法：1 份 CFC-11 和 CFC-113 溶液与 10～20 份的超临界水混合，在温度为 400℃和压力为 30 MPa 的条件下进行分解反应，其分解率超过 97%，分解产物为 HCl 和 $CO_2$。该方法最大的缺点是需要较高的压力，设备成本也较高。该方法仍处于探索阶段，是一种潜在的氟利昂处理技术。

6）钠蒸气反应法

钠蒸气反应法是指在 700℃的高温条件下，使氟利昂与钠及钠盐发生化学反应，从而达到分解氟利昂的目的。美国已经成功研发出了利用钠蒸气的气溶胶矿化法分解氟利昂，其反应原理如下：

$$C_xF_yCl_z+(y+z)Na \longrightarrow x\,C+z\,NaCl+y\,NaF \qquad (1.12)$$

该反应中的钠需要以蒸气状态存在，因此反应需在 700℃以上的高温条件下进行，其分解率达 99%以上，分解产物主要是 NaCl、NaF 和元素碳的良性气溶胶，不会造成二次污染。该方法的缺点主要是需在高温下进行，耗能大，存在安全隐患。

7) 催化加氢法

催化加氢法是加入催化剂使氯原子被氢原子取代，从而使氟氯烃转化为氢氟烃来达到处理氟利昂的目的，反应原理如下：

$$CCl_xF_y+2(x+y)H \cdot \xrightarrow{\text{催化剂}} CH_{(x+y)}+x\,HCl+y\,HF \qquad (1.13)$$

该方法的关键是催化剂的选择，张建军等[83,84]以 Pd/C 作为催化剂，使用催化加氢法将 CFC-12 转化为 HCF-32，为 CFC-12 的无害化资源化处理提供了新的技术途径。张彦等[85]研究了 Pd/C 催化剂将 CFC-115 转化为 HFC-125，将 CFC-12 转化为 HFC-32 的实验，得出的结论是 Pd/C 催化剂在 CFCs 催化加氢合成 HFCs 体系中具有良好的发展空间[86]。浙江师范大学物理化学研究所的研究团队[87,88]研发出了一种可以将 CFCs 进行加氢脱氯反应生成 ODS 替代品 HFCs 的催化剂，具体是通过 Pd/C 催化剂将 CFC-115 加氢脱氯制得 HFC-125，已经取得了较好的效果。

8) 光催化法

光催化法需要活性氧化剂，如水、污染物自身、污染物在空气中的衍生物等，在温和条件下就能净化全部污染物。因此，该方法吸引了很多学者的深入研究。目前，国外研究学者在通入水蒸气的条件下，采用廉价的二氧化钛和光对氟利昂进行降解，并取得了一定成果，其分解率在 86%以上。

9) 吡啶还原法

吡啶还原法是指用吡啶或吡啶化合物，将氯氟烃等化合物进行还原处理的方法[89]。酰替萘胺还原 CFCs 的具体方法：在 150℃条件下，将浓度为 10%的四乙烯醇二甲醚(ME4)加入到四氢呋喃(THF)中，当还原剂是当量的 1.5 倍，氯氟烃中的氟可以完全去除。该方法的优点是有效地使氯氟烃无害化并能回收再利用溶剂，缺点是对氯氟烃进行无害化处理是小范围内的，同时购买还原剂需花费大量资金，所以推广和应用受到了很大限制。

10) 草酸钠反应法

草酸钠反应法是使氟氯烃与草酸钠发生反应形成无机盐和 $CO_2$ 气体的处理方法。具体操作是：将氯氟烃气体与草酸钠一起引入温度条件为 270～290℃的反应器中，通过反应将氯氟烃转化为氟化钠(NaF)、氯化钠(NaCl)和 $CO_2$ 气体，从而达到分解氟氯烃的目的。

### 1.2.6　氟利昂催化水解技术研究现状

在 1.2.5 小节简述了多种处理氟利昂的方法，但每种方法都存在一定的缺陷。例如：高温热破坏法的温度过高，消耗大量能量，在分解过程中产生二次污染物；等离子体法操作成本高；高能射线分解法存在安全隐患；水泥窑法的产物中有大量酸性气体会腐蚀设备，不能长期使用；超临界水解法需要在高压下进行，设备的成本也高。目前，在温和条件下使用催化剂来分解氟利昂的技术被认为是经济可行的无害化处理技术。

该方法具有以下优点：①温度(200℃左右)条件易实现；②参与反应的主要物质是水，价廉易得；③工艺流程较简单，易操作；④产物主要为 HCl、HF 和 $CO_2$，只需要碱液就可以简单吸收处理；⑤没有二次污染物的生成。该方法的关键是催化剂的选择与制备。

由于氟利昂的分解反应相对缓慢，产生的酸性物质腐蚀设备，容易造成管道堵塞，因此，研究人员采用沸石、金属氧化物、固体酸和固体碱作为催化剂，以加快氟利昂的分解反应。

#### 1. 沸石

Tajima 等[90]研究发现 H-mordenite 型沸石对 $CCl_4$、$CCl_3F$、$CCl_2F_2$、$CClF_3$ 及 $CF_4$ 具有较高的催化活性，在一定温度条件下，对以上物质的水解率几乎达到100%。同时研究发现，H-mordenite 型沸石的活性与水蒸气浓度有很大关系，适当的水蒸气浓度可以使催化剂达到较好催化活性。

#### 2. 金属氧化物

Takita 和 Ishihara[91]研究了单金属氧化物、复合金属氧化物对 CFC-12 及 HCFC-22 的催化水解效果，其中单金属氧化物 $ZrO_2$ 的催化活性由于氟化作用而显著降低，复合金属氧化物 $ZrO_2$-$Cr_2O_3$ 催化水解 HCFC-22 时显示出较高的催化活性，产物单一，易处理。

#### 3. 固体酸催化剂

固体酸是近年来比较热门的一种新型固体催化材料，目前主要应用于有机催化反应。复旦大学的高滋等[92]系统地研究了以 $WO_x/M_xO_y$(M=Ti，Sn，Fe，Zr)作为催化剂催化分解CFC-12，检测出产物是$CO_2$，未发现CO。研究发现，复合后的催化剂活性比单一成分的催化剂活性明显提高，主要取决于焙烧温度和$WO_3$的最大分散量。因为$WO_3$的负载，催化剂的比表面积变大，酸位增加，降低了分解温度，在120 h内催化活性保持稳定，分解率达到99%以上。

### 4. 固体碱催化剂

固体碱是能接受质子或能给出电子对的物质[93]。刘天成等[94-96]对CFC-12催化水解实验进行了系统研究，结果表明当水解温度为260℃时，其分解率达到90%以上，还发现催化剂的孔径分布对催化活性有显著影响。另外，探究出了固体碱催化剂中心模型和利用固体碱催化水解一定浓度氟利昂的反应机理。

## 1.3　本书作者课题组对氟利昂的催化水解技术研究现状

黄家卫、赵光琴等[97-99]采用沉淀过饱和浸渍法制备了固体酸$MoO_3/ZrO_2-TiO_2$，并利用其进行催化水解HCFC-22和CFC-12的研究。结果表明，该固体酸的制备条件：钛锆摩尔比确定为7：3，配制浓度0.25 mol/L$(NH_4)_6Mo_7O_{24} \cdot 4H_2O$浸渍液，在60℃下浸渍6 h，在500℃下进行焙烧处理。实验条件：上述条件制备的催化剂1 g，HCFC-22的流量为1.00 mL/min，催化水解温度为330℃，水蒸气浓度为76.58%。该实验条件下固体酸$MoO_3/ZrO_2-TiO_2$对HCFC-22的水解率可达到96.21%[97]。在催化水解温度为380℃，水蒸气浓度为83.18%时，其水解率可达96.36%，水解产物为CO、$CO_2$、HF、HCl和微量的$CHF_3$。对催化剂进行连续反应实验，反应时间为60 h，检测反应后的水解率，发现在80.00%以上。对催化剂进行X射线衍射(XRD)、扫描电子显微镜(SEM)和能量色散X射线谱(EDS)表征，结果表明，固体酸$MoO_3/ZrO_2-TiO_2$催化剂的主要物相是立方相的$Zr(MoO_4)_2$和锐钛型的$TiO_2$。

赵光琴等[100]研究了固体酸$TiO_2/ZrO_2$对HCFC-22和CFC-12的催化水解实验，发现其对HCFC-22的催化活性高于CFC-12，说明CFC-12比HCFC-22更稳定，水解后的产物都是CO、$CO_2$、HF、HCl和微量$CFCl_3$。对催化剂进行了XRD和SEM表征，发现固体酸$TiO_2/ZrO_2$的存在形态是非晶态。另外，进行了用共沉淀法制备的固体碱$MgO/ZrO_2$催化剂催化水解HCFC-22和CFC-12的实验。结果表明，$MgO/ZrO_2$的最佳制备条件为：镁锆摩尔比3：10，焙烧温度700℃，焙烧时间4 h。实验条件为：HCFC-22摩尔浓度为1.0%，$H_2O(g)$摩尔浓度为25%，$O_2$摩尔浓度为5%，总流速为5 mL/min。当水解温度为300℃时，$MgO/ZrO_2$对

HCFC-22 的水解率达到 98.90%；当水解温度为 400℃时，MgO/ZrO$_2$ 对 CFC-12 的水解率达到 93.27%。

周童等通过沉淀过饱和浸渍法制备了 MoO$_3$-MgO/ZrO$_2$ 催化剂，用来催化水解 HCFC-22 和 CFC-12[101,102]。研究结果表明，催化剂的最佳制备条件：镁锆摩尔比为 3:10，浸渍液 (NH$_4$)$_6$Mo$_7$O$_{24}$·4H$_2$O 浓度为 0.25 mol/L，浸渍温度为 40℃，浸渍时间为 6 h，焙烧温度为 400℃，焙烧时间为 3 h。当水解温度为 350℃时，MoO$_3$-MgO/ZrO$_2$ 对 HCFC-22 的水解率达到 99.09%，对 CFC-12 的水解率达到 97.93%，水解产物均为 HF、HCl 和 CO[102]。通过 XRD、SEM、EDS 和 NH$_3$ 程序升温脱附(NH$_3$-TPD)进行表征，结果表明该催化剂结晶性能好，纯度较高，主要由 O、Mg、Zr 和 Mo 四种元素组成，组成成分主要是 1.801% 的 MgO、22.386% 的 MoO$_3$ 和 75.813% 的 ZrO$_2$。该催化剂是介孔结构，比表面积为 1148.4 m$^2$/g，总孔体积为 263.85 cm$^3$/g，有利于负载活性成分，其表面有两个弱酸中心和一个强酸中心，中强酸酸量大于弱酸酸量[103]。

任国庆等对固体酸 MoO$_3$/ZrO$_2$ 和固体碱 MgO/ZrO$_2$ 催化水解 HCFC-22 和 CFC-12 的等效性和同一性进行了研究。研究结果表明，固体酸和固体碱在催化水解 HCFC-22 和 CFC-12 时催化活性均较好，在催化水解温度为 350～400℃时，对 CFC-12 和 HCFC-22 的水解率均达到 95%～100%，水解产物均为 CO、HCl 和 HF，浓度均为 4%，均具有适中的比表面积。

李志倩等通过溶胶-凝胶法制备了 Al$_2$O$_3$/ZrO$_2$ 催化剂，并将其用于催化水解 HCFC-22 和 CFC-12。研究结果发现在催化水解温度为 100℃时，Al$_2$O$_3$/ZrO$_2$ 对 HCFC-22 和 CFC-12 的水解率分别为 98.95% 和 98.75%。XRD、SEM 等表征分析得出 ZrO$_2$ 主要以立方相的形式存在于催化剂中。CO$_2$ 程序升温脱附(CO$_2$-TPD)和 NH$_3$-TPD 结果表明 Al$_2$O$_3$/ZrO$_2$ 在催化水解 HCFC-22 和 CFC-12 的反应过程中主要是两性物质。

谭小芳等通过柠檬酸络合法制备出 ZnO/ZrO$_2$ 催化剂，并将其用于水解低浓度 HCFC-22 和 CFC-12。结果表明，ZnO/ZrO$_2$ 催化剂在催化水解 HCFC-22 和 CFC-12 的过程中催化性能较好，HCFC-22 在催化水解温度为 100℃时水解率可达到 99.81%，CFC-12 的水解率可达到 99.47%。XRD 分析结果表明 ZrO$_2$ 主要以四方相的形式存在，ZnO-ZrO$_2$ 催化剂处于固溶体状态，Zn 融入 ZrO$_2$ 晶格矩阵中；CO$_2$-TPD 和 NH$_3$-TPD 分析结果表明该催化剂是一种两性物质，其酸碱性受焙烧温度的影响较大。

郑振等通过共沉淀法制备了 CoO/ZrO$_2$ 催化剂，并将其用于催化水解 HCFC-22 和 CFC-12。研究结果发现在催化水解温度为 100℃时，CoO/ZrO$_2$ 对 HCFC-22 和

CFC-12 的水解率分别为 99.60% 和 98.81%。XRD 分析结果表明 $ZrO_2$ 主要以四方相的形式存在，CoO 以固体溶液形式高度分散在催化剂表面未形成单独晶相；吸附比表面测试(BET)结果表明当 CoO 与 $ZrO_2$ 摩尔比为 0.5 时，该催化剂的比表面积最大，这与 HCFC-22 和 CFC-12 的催化水解实验结果一致。

毛军豪等通过共沉淀法制备出 $TiO_2/ZrO_2$ 催化剂，并将其用于水解低浓度 $CF_4$，结果表明，在催化水解温度为 300℃时，$CF_4$ 的水解率可达到 99.54%。SEM 结果表明该催化剂的表面形貌呈现不规则块状结构，并且表面分布着较多的孔隙结构，而反应后的催化剂表面附着了棉絮状的细小颗粒物；$NH_3$-TPD 分析结果表明摩尔比为 1 的催化剂在弱酸位点和强酸位点有更高的酸性含量。

# 1.4　本书立足点

关于氟利昂的无害化处理技术是当今环保领域的热点。利用催化剂对氟利昂进行催化水解是一种环保高效的无害化处理技术。本书在作者课题组原有的研究基础上，结合现有的技术条件，探究一种能低能高效分解氟利昂的催化剂。

二氧化锆($ZrO_2$)是一种同时具有酸性、碱性、氧化性和还原性的金属氧化物[104]。$ZrO_2$ 还具有以下特性：高热稳定性、高化学稳定性和多种晶相结构(低温时为单斜晶相；高温时为立方晶相；更高温时为立方晶相)，由于其特殊的性质而具有重要的应用价值。在一定条件下形成的低价氧化物，可作为催化剂或催化载体，具有较好的催化活性和选择性，这个可探究点引起了较多相关研究人员的关注。$ZrO_2$ 作为催化剂时，具有以下优点：①可循环利用；②对环境无污染；③无腐蚀性，不会腐蚀设备；④产物简单且容易处理。

氧化铝($Al_2O_3$)是一种高温结构陶瓷，具有的特性是耐高温和抗腐蚀，存在的缺点是韧性，使其使用范围较窄[105]。但是陶瓷材料的韧性可以通过加入具有相变增韧性的物质来加大，有相关研究发现加入 $ZrO_2$ 可以增强陶瓷材料的力学性能[106]。近期，关于 $Al_2O_3/ZrO_2$ 复相陶瓷粉体材料的相关研究不断涌现[107]，但有关 $Al_2O_3/ZrO_2$ 复合材料的研究报道相对较少，大多是关于 $Al_2O_3/ZrO_2$ 复合材料烧结温度方面的探究。例如，李健生等[108]探究了 $Al_2O_3/ZrO_2$ 复合膜在不同热处理温度下性能的变化，制备出具有一定气体选择性的 $Al_2O_3/ZrO_2$ 复合材料。

氧化锌(ZnO)是一种环境友好型催化剂，具有强氧化能力，可以将复杂的污染物降解为简单的、无毒的物质[109-111]。ZnO 广泛应用在光催化剂方面，是一种高效、有前途的光催化剂[112]。Wang 等研究发现在 ZnO 中加入 $ZrO_2$ 可以使其形成固溶体催化剂，Zn 会融入 $ZrO_2$ 晶格中，发挥协同作用以提高催化剂的催化性能[113]。而关于 ZnO/ZrO$_2$ 的研究报道比较少，大多数报道的是 Cu/ZnO/ZrO$_2$ 或 CuO/ZnO/ZrO$_2$应用在催化 CO$_2$ 加氢制甲醇方面。例如，Li 等[114]制备出了具有更高甲醇选择性的 CuO-ZnO-ZrO$_2$ 催化剂。Raudaskoski 等[115]研究发现在合成的 Cu-ZrO$_2$ 催化剂中添加 ZrO$_2$ 可以改善甲醇选择性。

氧化钴（CoO）纳米材料结构稳定，且具有良好的催化活性、合成简单可控、价格低廉、绿色环保。对于 CoO 纳米颗粒，基于其磁性、催化和气体特性的潜在应用，在技术上具有重要意义[116-118]。ZrO$_2$ 是一种多功能材料，是众多金属氧化物中唯一同时具有酸性、碱性、氧化性和还原性的物质，且不易与 Co 形成难还原的钴锆化合物，ZrO$_2$ 的加入能提高催化剂的催化性能[119,120]。

氧化钛（TiO$_2$）是一种地球资源丰富、成本低廉和环境友好的材料，在多相催化领域有广泛应用。TiO$_2$ 具有相对较高的比表面积，活性金属组分可以很好地分散在催化剂表面[121]。加入 ZrO$_2$ 后，TiO$_2$-ZrO$_2$ 复合氧化物表现出高比表面积、优异的表面酸碱性质、高热稳定性和机械强度[122]，有利于降解 CF$_4$。

# 第 2 章 复合材料 $Al_2O_3/ZrO_2$ 催化水解 HCFC-22 和 CFC-12 研究

根据最新的《巴黎协定》的规定，我国加速淘汰 CFC-12（HCFC-22）势在必行，因此必须尽快找到一条对 CFC-12（HCFC-22）无害化处理的有效途径。

本章采用 $Al_2O_3/ZrO_2$ 催化剂对 CFC-12（HCFC-22）进行催化水解研究，根据实验结果发现，$Al_2O_3/ZrO_2$ 催化剂对 CFC-12（HCFC-22）的水解具有良好效果。

## 2.1 实验仪器和试剂

### 2.1.1 实验仪器

实验所需的主要仪器见表 2.1。

表 2.1 主要仪器

| 仪器名称 | 型号/规格 | 生产厂家 |
| --- | --- | --- |
| 管式炉 | LINDBERG BLUE M | 赛默飞世尔科技有限公司 |
| 流量控制器 | D07 | 北京七星华创科技有限公司 |
| 流量显示仪 | D08-4F | 北京七星华创科技有限公司 |
| 电子天平 | AR224CN | 奥豪斯仪器（上海）有限公司 |
| 数显智能控温磁力搅拌器 | SZCL-2 | 巩义市予华仪器有限责任公司 |
| 集热式恒温加热磁力搅拌器 | DF-101S | 巩义市予华仪器有限责任公司 |
| 电热恒温干燥箱 | WHL-45B | 天津市泰斯特仪器有限公司 |
| 马弗炉 | Carbolite CWF 11/5 | 上海上碧实验仪器有限公司 |
| 石英管 | $\Phi 3$ mm×120 cm | 自制 |
| 气体采样袋 | 0.1 L | 大连海得科技有限公司 |
| 气相色谱-质谱联用仪 | Thermo Fisher（ISQ） | 赛默飞世尔科技有限公司 |
| 色谱柱 | 260B142P | 赛默飞世尔科技有限公司 |
| X 射线衍射仪 | D8 Advance | 德国 Bruker 公司 |
| X 射线光电子能谱仪 | AMICUS | 岛津 |
| 气体吸附仪 | BELSORP-max II | 麦奇克拜尔有限公司 |
| 全自动化学吸附仪 | AutoChem II 2920 | 美国麦克 |
| 傅里叶变换红外光谱仪 | Nicolet iS10 | 赛默飞世尔科技有限公司 |
| 热重分析仪 | TGA/SDTA851e | 瑞士 Mettler-Toledo 公司 |

## 2.1.2　实验试剂

实验所需的主要试剂见表 2.2。

表 2.2　主要试剂

| 试剂名称 | 等级 | 生产厂家 |
|---|---|---|
| $CHClF_2$ | — | 浙江巨化股份有限公司 |
| $CCl_2F_2$ | — | 浙江巨化股份有限公司 |
| $N_2$ | 99.99% | 昆明广瑞达特种气体有限责任公司 |
| 异丙醇铝($C_9H_{21}AlO_3$) | AR | 成都艾科达化学试剂有限公司 |
| $HNO_3$ | AR | 重庆川东化工集团 |
| $Zr(NO_3)_4 \cdot 5H_2O$ | AR | 麦克林有限公司 |
| 草酸($H_2C_2O_4$) | AR | 天津市致远化学试剂有限公司 |
| 聚乙烯醇(PVA) | AR | 成都艾科达化学试剂有限公司 |
| 丙三醇(GL) | AR | 天津市致远化学试剂有限公司 |
| $N,N$-二甲基甲酰胺(DMF) | AR | 天津市致远化学试剂有限公司 |

注：AR 表示分析纯。

# 2.2　实　验　方　法

## 2.2.1　催化剂制备

### 1. $Al_2O_3$ 的制备

按 1∶13 的比例将异丙醇铝与蒸馏水混合，混合后溶液倒入回流搅拌装置，搅拌温度控制在 90℃，搅拌 1 h 后加入浓度为 2 mol/L 的硝酸 3 mL，搅拌时间为 5 h，然后在室温下进行陈化，陈化时间为 24 h，即可制得透明稳定的淡蓝色 $Al_2O_3$ 溶胶。在相对湿度为 60% 的干燥箱中对 $Al_2O_3$ 溶胶进行干燥处理至凝胶状态，之后转入马弗炉中调节升温速率为 5℃/min，依次升温至 69℃，焙烧 30 min；升温至 165℃，焙烧 30 min；升温至 365℃，焙烧 30 min；升温至 800℃，焙烧 2 h，即可制得 $Al_2O_3$ 催化剂。

### 2. $ZrO_2$ 的制备

准确称量 6.500 g $ZrOCl_2 \cdot 8H_2O$，溶于 150 mL 蒸馏水中，在搅拌条件下滴加氨水，调节 pH 为 9~10，陈化 24 h，洗涤除去 $Cl^-$，然后进行干燥处理，在马弗炉中以 8℃/min 的升温速率升至 500℃，焙烧 3 h，研磨，即可制得 $ZrO_2$ 催化剂。

3. Al$_2$O$_3$/ZrO$_2$ 的制备(溶胶-凝胶法)

(1)制备 Al$_2$O$_3$ 溶胶。按 1:13 的比例将异丙醇铝与蒸馏水混合,混合后溶液倒入回流搅拌装置,搅拌温度控制在 90℃,搅拌 1 h 后加入浓度为 2 mol/L 的硝酸 3 mL,搅拌时间为 5 h,在室温下进行陈化,陈化时间为 24 h,即可制得 Al$_2$O$_3$ 溶胶,溶胶呈现透明稳定的淡蓝色。

(2)制备 ZrO$_2$ 溶胶。配制 0.6 mol/L 的 Zr(NO$_3$)$_4$ 溶液,搭建回流装置,在搅拌的同时滴加 0.2 mol/L 的草酸至 $n$(Zr$^{2+}$):$n$(H$^+$)=10,之后搅拌并水浴加热到 50℃,加 4% PVA 和 35% GL,回流搅拌时间设为 3 h。然后在室温下进行陈化,陈化时间为 12 h,即制得 ZrO$_2$ 溶胶,溶胶稳定透明且颗粒均匀分布。

(3)制备 Al$_2$O$_3$/ZrO$_2$ 复合材料。将 Al$_2$O$_3$ 溶胶和 ZrO$_2$ 溶胶混合,加入 40% DMF,水浴温度控制在 30℃并搅拌 45 min,陈化 24 h,进行干燥处理至凝胶状。然后在马弗炉里采用程序升温对材料进行焙烧,升温速率为 0.5℃/min,依次升温至 69℃焙烧 30 min,165℃焙烧 30 min,365℃焙烧 30 min,800℃焙烧 2 h,即制得 Al$_2$O$_3$/ZrO$_2$ 复合材料。

4. Al$_2$O$_3$/ZrO$_2$ 的制备(共沉淀法)

按铝锆摩尔比为 5:3 称取一定量的 Al(NO$_3$)$_3$ 和 ZrO(NO$_3$)$_2$,加入一定量蒸馏水后用 NH$_3$·H$_2$O 调 pH 至 9,回流搅拌 4 h,室温下陈化 24 h,用蒸馏水洗涤除去 Cl$^-$,在 100℃的干燥箱中进行 12 h 干燥处理,将干燥后的样品进行焙烧处理,焙烧温度是 750℃,焙烧时间是 4 h,即可制得铝锆催化剂。

## 2.2.2　催化剂表征

1. 扫描电子显微镜表征

催化剂表面的形貌特征通过扫描电子显微镜观察。仪器采用生产于美国 FEI 公司的 NOVA NANOSEM-450 扫描电子显微镜。测试方法:取一定量的催化剂粉末样品平铺于样品台导电胶表面,烘干。

2. 透射电子显微镜表征

通过透射电子显微镜(TEM)可以观察到催化剂的体相成分、表面形貌和几何结构。仪器采用生产于日本日立公司的 H-800 透射电子显微镜。测试方法与条件:管压为 75 kV,以无水乙醇为分散介质将催化剂粉末样品制成悬浮液,进行 20 min

超声波处理，样品倾角为 25°，样品尺寸为 3 mm，放大倍数各异。

### 3. X 射线衍射表征

通过德国生产的 Bruker D8 Advance 型 X 射线衍射仪对催化剂晶体内部的原子排列状况、晶格形状、衍射图的指标化、晶粒大小和晶格畸变进行分析[123]。测试条件：Cu 靶 $K_\alpha$ 辐射源，$2\theta$ 范围为 20°～80°，扫描速率为 12°/min，步长为 0.01°/s，工作电压和工作电流分别为 40 kV 和 40 mA，波长 $\lambda$=0.154178 nm[124]。

### 4. 能谱分析表征

催化剂的元素组成通过能量色散 X 射线谱（EDS）进行分析。仪器采用美国 FEI 公司生产的 NOVA NANOSEM-450 能量色散 X 射线谱仪。测试方法：取适量的粉末样品平铺于样品台导电胶表面，烘干。

### 5. X 射线光电子能谱表征

催化剂的元素组成、含量、化学状态、分子结构、原子价态、内层电子束缚能及其化学位移等方面的信息，采用岛津 AMICUS 型 X 射线光电子能谱（XPS）仪进行分析。测试条件：能量扫描范围为 1～4000 eV，能量分辨率为 0.30 eV（XPS），100 meV（UPS），空间分辨率为 1.5 μm（X 射线光电子成像），灵敏度为 1000 000cps（Ag 标样 3d$_{5/2}$ 峰），分析室真空度为 $2\times10^{-10}$ mbar（1 bar= $10^5$Pa），快速进样室真空度为 $7\times10^{-9}$ mbar。

### 6. BET N₂ 等温吸附-脱附表征

N₂ 吸附-脱附等温线、比表面积及孔径变化，通过 BELSORP-max Ⅱ型气体吸附仪进行测定分析。吸附介质采用高纯氮气，测试条件为：样品在 200℃和真空条件下进行 3 h 的前处理，在 76.47 K（液氮）条件下进行静态氮吸附，比表面积采用 BET 法计算，孔体积采用 BJH 法计算[125]。

### 7. NH₃ 和 CO₂ 程序升温脱附表征

通过美国麦克 AutoChem Ⅱ 2920 全自动化学吸附仪检测样品表面的酸性和碱性。测试方法与条件：在石英 U 形管中装入 0.1 g 样品，在 700℃氩气气氛下进行 2 h 的预处理，去除表面吸附的杂质，当温度冷却到 30℃时，吸附 NH₃ 或 CO₂ 直至饱和，为了去除表面物理吸附的 NH₃ 或 CO₂，需要通氩气吹扫 0.5 h，最后调节升温速率为 10℃/min 并升温至 900℃，用热导检测器（TCD）检测 NH₃ 或 CO₂

脱附信号。

8. 红外光谱表征

通过美国赛默飞世尔科技有限公司生产的 Nicolet iS10 型智能傅里叶变换红外光谱仪对催化剂的分子结构进行分析和鉴定。测试方法：KBr 压片法。

9. 热重表征

通过瑞士 Mettler-Toledo 公司生产的型号为 TGA/SDTA851e 热重分析仪对催化剂的热稳定性进行分析。测试条件：升温速率为 5℃/min，温度为 50~600℃[126]。

## 2.2.3　催化反应装置

氟利昂的水解反应原理：

$$CFCs+H_2O \xrightarrow{\text{催化剂}} CO+HF+HCl \tag{2.1}$$

由以上反应可知，在水蒸气和催化剂同时存在的条件下，CFCs 发生催化水解反应，水解产物为 CO、HCl 和 HF。实验具体流程为：称取 1.00 g 复合材料 $Al_2O_3/ZrO_2$，以 50 g $SiO_2$ 作为催化剂的填料载体与复合材料混合填充于石英管中，通入模拟反应气体 4.0 mol%(摩尔分数，后同) CFCs、25.0 mol% $H_2O$(g)，其余为 $N_2$，参与反应后的气体用 NaOH 吸收液吸收，之后通过硅胶对未被 NaOH 吸收的气体进行干燥处理。到达所需条件后反应 15 min 开始采样，采集的气体通过气相色谱-质谱联用仪进行定性和定量分析[124]。具体实验流程如图 2.1 所示。

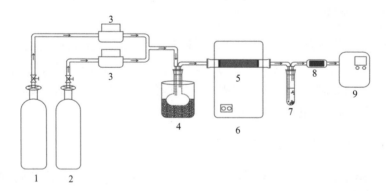

图 2.1　实验流程图

1. CFCs；2. $N_2$；3. 质量流量控制器；4. 水蒸气发生装置；5. 催化反应床层；6. 管式炉；7. NaOH 吸收瓶；8. 干燥器；9. 气相色谱-质谱联用仪

#### 2.2.4　气体组成

1. 催化水解 HCFC-22 的气体组成

反应气体流速为 15 mL/min，气体组成为 4.0 mol% HCFC-22，25.0 mol% H$_2$O(g)，其余为 N$_2$。

2. 催化水解 CFC-12 的气体组成

反应气体流速为 15 mL/min，气体组成为 4.0 mol% CFC-12，25.0 mol% H$_2$O(g)，其余为 N$_2$。

#### 2.2.5　检测方法

对处理后的气体进行定量和定性分析是通过气相色谱-质谱联用仪。该仪器是由美国赛默飞世尔科技有限公司生产的 Thermo Fisher（ISQ）气相色谱-质谱联用仪（GC/MS），色谱柱使用赛默飞世尔科技有限公司生产的毛细管柱（100%二甲基聚硅氧烷），型号为 260B142P。

色谱柱使用前的老化条件：载气流速 1 mL/min，柱温在 50℃保持 1 min，以 3.0℃/min 的速率升到 230℃保持 20 min，以 3.0℃/min 的速率升到 300℃保持 30 min，如此循环几次。检测条件：进样口温度 80℃，柱温 35℃，停留时间 2 min，使用高纯 He（>99.99%）作为载气，恒流模式下载气流速 1.00 cm$^3$/min，分流比 140∶1。质谱检测器 EI 源 260℃，离子传输杆温度 280℃，进样量 0.1 mL。在此条件下对处理后的气体进行定性和定量分析，用 CFCs 水解率来评价催化水解效果。计算公式如下所示：

CFCs水解率(%)=(CFCs入口峰面积-CFCs出口峰面积)×100/CFCs入口峰面积

$$(2.2)$$

#### 2.2.6　标准曲线

1. HCFC-22 标准曲线

用氮气配制浓度分别为 100 ppm、200 ppm、400 ppm、600 ppm、800 ppm、1000 ppm 的 HCFC-22 气体样品，在 2.2.5 节条件下，得出 HCFC-22 的色谱标准曲线，如图 2.2 所示。由图可知，HCFC-22 的色谱标准曲线线性度好，相关系数 $R^2$=1，表明仪器满足 HCFC-22 的分析检测要求。

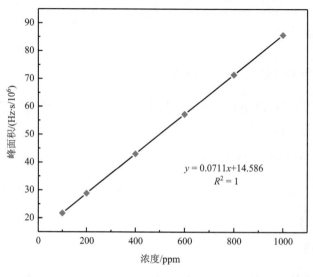

图 2.2　HCFC-22 标准曲线

## 2. CFC-12 标准曲线

用氮气配制浓度分别为 100 ppm、200 ppm、400 ppm、600 ppm、800 ppm、1000 ppm 的 CFC-12 气体样品，在 2.2.5 节条件下，得出 CFC-12 的色谱标准曲线，如图 2.3 所示。由图可知，CFC-12 的色谱标准曲线线性度好，相关系数 $R^2$=0.9977，表明仪器满足 CFC-12 的分析检测要求。

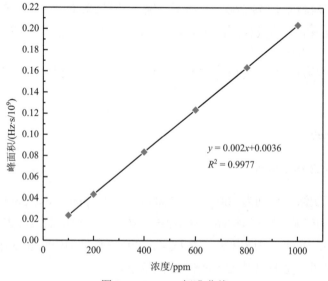

图 2.3　CFC-12 标准曲线

## 2.3　复合材料 Al$_2$O$_3$/ZrO$_2$ 催化水解 HCFC-22

### 2.3.1　引言

《关于消耗臭氧层物质的蒙特利尔议定书》缔约国会议强调了 HCFC-22、CFC-12 物质的禁用日期，发达国家在 2010 年停止生产[127]，但是一些废旧设备中仍然存在一定量的 HCFC-22、CFC-12。本书作者课题研究小组主要探究利用催化剂来催化水解 HCFC-22 和 CFC-12，本节在课题组前期研究基础上制备了新的复合材料 Al$_2$O$_3$/ZrO$_2$，以期提高催化剂对氟利昂的水解率。

本节主要研究了复合材料 Al$_2$O$_3$/ZrO$_2$ 的制备方法、制备条件、催化剂用量以及催化水解条件对 HCFC-22 水解效果的影响，同时探究了单一金属氧化物与复合材料催化水解效果的比较。实验结果表明，复合材料 Al$_2$O$_3$/ZrO$_2$ 对催化水解低浓度的 HCFC-22 有较好的水解效果。

### 2.3.2　单一金属氧化物 Al$_2$O$_3$ 催化剂催化水解 HCFC-22 实验

按 2.2.1 小节方法制备 Al$_2$O$_3$ 催化剂，催化水解 HCFC-22。制备条件：异丙醇铝与蒸馏水的比例为 1∶13，加入的硝酸浓度为 2 mol/L，焙烧温度是 800℃，焙烧时间是 2 h。实验条件：Al$_2$O$_3$ 催化剂的用量为 1.00 g，并与 50 g 石英砂混合均匀填充于自制石英管中。按 2.2.4 小节催化水解 HCFC-22 的气体组成进行实验，实验结果如图 2.4 所示。

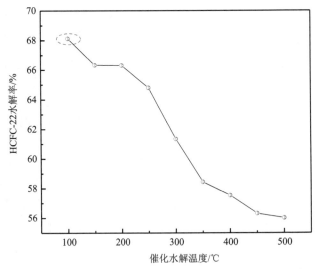

图 2.4　单一金属氧化物 Al$_2$O$_3$ 对 HCFC-22 水解率的影响

从图 2.4 可以看出，$Al_2O_3$ 催化剂对 HCFC-22 没有很好的催化水解效果，当催化水解温度为 100℃时，催化水解率最高仅为 68.75%，当水解温度逐渐升高，水解率呈现急剧下降的趋势，主要原因是该氧化物的热稳定性较差，较高的温度会破坏其内部结构，从而降低了催化活性。由此可知，$Al_2O_3$ 催化剂在催化水解 HCFC-22 时稳定性较差，显然 $Al_2O_3$ 催化剂不是作为水解 HCFC-22 催化剂的最佳选择。

### 2.3.3　单一金属氧化物 $ZrO_2$ 催化剂催化水解 HCFC-22 实验

按 2.2.1 小节方法制备 $ZrO_2$ 催化剂，催化水解 HCFC-22。制备条件：500℃的焙烧温度，3 h 的焙烧时间。实验条件：$ZrO_2$ 催化剂的用量为 1.00 g，并与 50 g 石英砂混合均匀填充于自制石英管中。按 2.2.4 小节催化水解 HCFC-22 的气体组成进行实验，实验结果如图 2.5 所示。

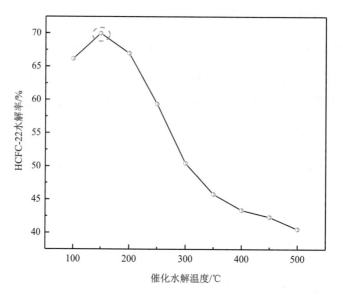

图 2.5　单一金属氧化物 $ZrO_2$ 对 HCFC-22 水解率的影响

从图 2.5 可以看出，$ZrO_2$ 催化剂对 HCFC-22 的水解具有一定的效果，在水解温度为 150℃时达到最佳，为 70%，之后当水解温度逐渐升高，水解率呈现下降趋势，但与 $Al_2O_3$ 催化剂催化水解 HCFC-22 的水解效果相比有了显著提高，说明 $ZrO_2$ 催化剂相比于 $Al_2O_3$ 催化剂更适合用于 HCFC-22 的水解。

### 2.3.4　Al₂O₃/ZrO₂ 制备方法对 HCFC-22 水解率影响

按 2.2.1 小节的溶胶-凝胶法制备 Al₂O₃/ZrO₂ 复合材料，催化水解 HCFC-22。制备条件是：Al₂O₃ 和 ZrO₂ 的摩尔比为 1.0，程序升温，800℃的焙烧温度，2 h 的焙烧时间。按 2.2.1 节的共沉淀法制备 Al₂O₃/ZrO₂ 复合材料，催化水解 HCFC-22。制备条件：铝锆摩尔比为 5∶3，750℃的焙烧温度，4 h 的焙烧时间。实验条件：Al₂O₃/ZrO₂ 复合材料的用量为 1.00 g，并与 50 g 石英砂混合均匀填充于自制石英管中。按 2.2.4 小节的气体组成进行实验，实验结果如图 2.6 所示。

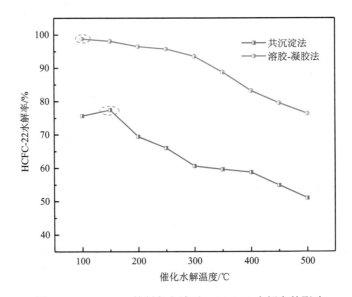

图 2.6　Al₂O₃/ZrO₂ 的制备方法对 HCFC-22 水解率的影响

选取两种方法的最佳制备条件所制备出的催化剂，用来催化水解 HCFC-22，从图 2.6 中可以看出这两种方法制备的催化剂对催化水解 HCFC-22 都有一定的催化水解效果，共沉淀法制备的催化剂在催化水解温度为 150℃时达到最佳，水解率为 77.47%，溶胶-凝胶法制备的催化剂在催化水解温度为 100℃时达到最佳，水解率为 98.95%。由此可以看出，溶胶-凝胶法制备的催化剂具有更好的催化活性。接下来的实验将围绕溶胶-凝胶法的制备条件对 HCFC-22 水解率的影响展开。

### 2.3.5　Al₂O₃ 与 ZrO₂ 摩尔比对 HCFC-22 水解率影响

按 2.2.1 小节方法制备 Al₂O₃/ZrO₂ 复合材料，催化水解 HCFC-22。制备条件：Al₂O₃ 和 ZrO₂ 的摩尔比分别为 0.5、1.0、1.5、2.0、2.5，程序升温，焙烧温度为

800℃，焙烧时间为 2 h。实验条件：$Al_2O_3/ZrO_2$ 复合材料的用量为 1.00 g，并与 50 g 石英砂混合均匀填充于自制石英管中。按 2.2.4 小节的气体组成进行实验，实验结果如图 2.7 所示。

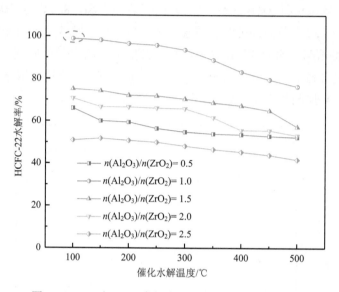

图 2.7　$Al_2O_3$ 与 $ZrO_2$ 摩尔比对 HCFC-22 水解率的影响

如图 2.7 所示，随着 $Al_2O_3$ 量的增加，HCFC-22 水解率逐渐增大，在 $n(Al_2O_3)/n(ZrO_2)=1.0$，催化水解温度为 100℃时达到最佳，水解率为 98.95%。主要原因是在 $n(Al_2O_3)/n(ZrO_2)=1.0$ 时复合材料的结晶度最高，晶型趋于完整。

### 2.3.6　$Al_2O_3/ZrO_2$ 焙烧温度对 HCFC-22 水解率影响

按 2.2.1 小节方法制备 $Al_2O_3/ZrO_2$ 复合材料，催化水解 HCFC-22。制备条件：$Al_2O_3$ 和 $ZrO_2$ 的摩尔比为 1.0，程序升温，焙烧温度分别为 700℃、750℃、800℃、850℃、900℃，焙烧时间为 2 h。实验条件：$Al_2O_3/ZrO_2$ 复合材料的用量为 1.00 g，并与 50 g 石英砂混合均匀填充于自制石英管中。按 2.2.4 小节的反应气体组成进行实验，实验结果如图 2.8 所示。

图 2.8 为在焙烧时间为 2 h，不同焙烧温度下的 $Al_2O_3/ZrO_2$ 对 HCFC-22 水解率的影响。从图中可以看出，随着焙烧温度逐渐加大，水解率呈现先增加后减小的趋势，在焙烧温度为 800℃时达到最佳，水解率为 98.95%，之后随焙烧温度逐渐增大，水解率呈下降趋势，850℃以上急剧下降。这主要是由于温度较高使催化剂烧结，从而降低了催化活性。

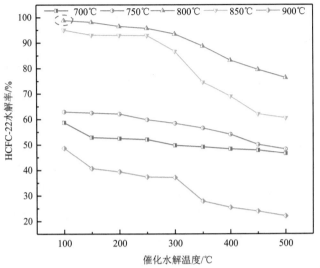

图 2.8　Al$_2$O$_3$/ZrO$_2$ 焙烧温度对 HCFC-22 水解率的影响

### 2.3.7　Al$_2$O$_3$/ZrO$_2$ 焙烧时间对 HCFC-22 水解率影响

按 2.2.1 小节方法制备 Al$_2$O$_3$/ZrO$_2$ 复合材料，催化水解 HCFC-22。制备条件：Al$_2$O$_3$ 和 ZrO$_2$ 的摩尔比为 1.0，焙烧温度为 800℃，焙烧时间分别为 0.5 h、1 h、1.5 h、2 h、2.5 h。实验条件：Al$_2$O$_3$/ZrO$_2$ 复合材料的用量为 1.00 g，并与 50 g 石英砂混合均匀填充于自制石英管中。按 2.2.4 小节的反应气体组成进行实验，实验结果如图 2.9 所示。

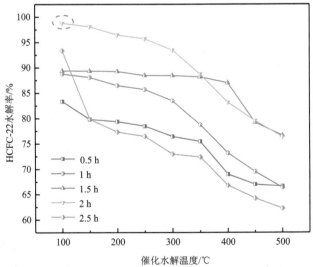

图 2.9　Al$_2$O$_3$/ZrO$_2$ 焙烧时间对 HCFC-22 水解率的影响

图 2.9 为在焙烧温度为 800℃，不同焙烧时间下的 Al₂O₃/ZrO₂ 对 HCFC-22 水解率的影响。从图中可以看出，随着焙烧时间逐渐增加，水解率逐渐增大，在焙烧时间为 2 h 时，水解率达到最大，为 98.95%，之后再增加焙烧时间，水解率开始呈下降趋势。这主要是因为随着焙烧时间的延长，复合材料会发生烧结从而使催化活性有所降低。

### 2.3.8　Al₂O₃/ZrO₂ 用量对 HCFC-22 水解率影响

按 2.2.1 小节方法制备 Al₂O₃/ZrO₂ 复合材料，催化水解 HCFC-22。制备条件：Al₂O₃ 和 ZrO₂ 的摩尔比为 1.0，焙烧温度为 800℃，焙烧时间为 2 h。实验条件：Al₂O₃/ZrO₂ 复合材料的用量为 0.50 g、0.75 g、1.00 g、1.25 g、1.50 g，分别与 50 g 石英砂混合均匀填充于自制石英管中。按 2.2.4 小节的反应气体组成进行实验，实验结果如图 2.10 所示。

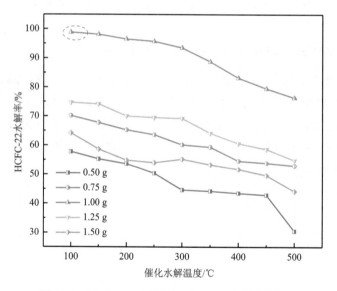

图 2.10　Al₂O₃/ZrO₂ 用量对 HCFC-22 水解率的影响

从图 2.10 中可以看出，催化剂的用量太少，对 HCFC-22 的水解率较低。这主要是由于用量少，能够提供的活性位点就少，从而反应活性就低。因此，随着催化剂用量的增加，在催化剂用量为 1.00 g 时，催化水解率达到最大，为 98.95%，继续加大催化剂的用量，发现水解率呈急剧下降的趋势。这主要是由于当催化剂用量过多时，催化剂会发生聚集而沉降，使得催化剂的总比表面积降低，进而减少了复合材料与反应气体的有效接触面积，从而使催化水解率降低。

### 2.3.9　小结

（1）本节尝试了用不同制备方法制备催化剂，并用其来催化水解 HCFC-22。实验结果表明，采用溶胶-凝胶法制备的催化剂，当水解温度为 100℃时，水解率达到 98.95%；采用共沉淀法制备的催化剂，当水解温度为 100℃时，水解率仅为 74.53%。

（2）使用单一金属氧化物 ZrO$_2$ 催化水解 HCFC-22，当水解温度为 150℃时达到最佳，催化水解率为 70%。

（3）使用单一金属氧化物 Al$_2$O$_3$ 催化水解 HCFC-22，当催化水解温度为 100℃时达到最佳，催化水解率为 68.75%。

（4）使用复合材料 Al$_2$O$_3$/ZrO$_2$ 催化水解 HCFC-22，当水解温度为 100℃时达到最佳，水解率为 98.95%。实验结果表明，复合后的催化剂的催化活性高于单相的催化活性。

（5）本节还探究了催化剂用量对催化活性的影响。实验结果表明，催化剂的用量过多或过少都不利于催化水解的进行，当催化剂用量为 1.00 g 时，催化水解 HCFC-22 的最佳水解率在 98%以上。

（6）催化水解实验表明，催化剂的制备方法、制备的物料摩尔比、焙烧温度和焙烧时间以及催化剂用量对 HCFC-22 的水解率都有一定影响，以水解率为评价标准得出催化剂的最佳制备条件：制备方法采用溶胶-凝胶法、Al$_2$O$_3$ 和 ZrO$_2$ 的摩尔比为 1∶1，焙烧温度为 800℃，焙烧时间为 2 h；最佳催化水解条件：催化剂用量为 1.00 g，催化水解温度为 100℃。

# 2.4　复合材料 Al$_2$O$_3$/ZrO$_2$ 催化水解 CFC-12

### 2.4.1　引言

在探究了稳定性较差的 HCFC-22 的催化水解实验基础上，本节进行了比 HCFC-22 更稳定的 CFC-12 的催化水解探究，分别从复合材料 Al$_2$O$_3$/ZrO$_2$ 的制备方法、制备条件、催化剂用量以及催化水解条件对 CFC-12 水解效果的影响进行实验，同时探究了单一金属氧化物和复合材料催化效果的比较。实验结果表明，复合材料 Al$_2$O$_3$/ZrO$_2$ 对催化水解低浓度的 CFC-12 也有较好的水解效果。

### 2.4.2　单一金属氧化物 Al$_2$O$_3$ 催化剂催化水解 CFC-12 实验

按 2.2.1 小节方法制备 Al$_2$O$_3$ 催化剂，催化水解 CFC-12。制备条件：异丙醇铝与蒸馏水的比例为 1:13，加入的硝酸浓度为 2 mol/L，焙烧温度为 800℃，焙烧时间为 2 h。实验条件：$Al_2O_3$ 催化剂的用量为 1.00 g，并与 50 g 石英砂混合均匀填充于自制石英管中。按 2.2.4 小节的气体组成进行实验，实验结果如图 2.11 所示。

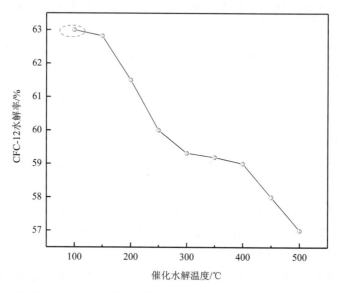

图 2.11　单一金属氧化物 $Al_2O_3$ 对 CFC-12 水解率的影响

从图 2.11 中可以看出，单一金属氧化物 $Al_2O_3$ 作为催化剂对 CFC-12 进行催化水解时，具有一定的催化活性，随着催化水解温度的升高，其催化活性逐渐减弱，当催化水解温度为 100℃时，水解率最大，仅为 63%。为了达到更好的氟利昂无害化处理的目的，需要对所用催化剂进行优化，以期达到较好的催化水解效果。

### 2.4.3　单一金属氧化物 $ZrO_2$ 催化剂催化水解 CFC-12 实验

按 2.2.1 小节方法制备 $ZrO_2$ 催化剂，催化水解 CFC-12。制备条件：焙烧温度为 500℃，焙烧时间为 3 h。实验条件：$ZrO_2$ 催化剂的用量为 1.00 g，并与 50 g 石英砂混合均匀填充于自制石英管中。按 2.2.4 小节的气体组成进行实验，实验结果如图 2.12 所示。

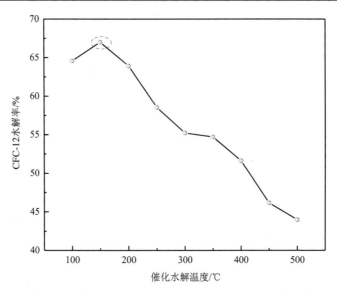

图 2.12　单一金属氧化物 ZrO$_2$ 对 CFC-12 水解率的影响

从图 2.12 中可以看出，作为载体的氧化物 ZrO$_2$ 在催化水解实验中对 CFC-12 有一定的催化水解效果，当催化水解温度为 150℃时，水解率达到最大（67%），随着水解温度的升高，水解率呈现下降趋势。对此结果可有更深一步的思考，在其上负载某种物质，以增强其催化活性和稳定性。

### 2.4.4　Al$_2$O$_3$/ZrO$_2$ 制备方法对 CFC-12 水解率影响

按 2.2.1 小节的溶胶-凝胶法制备 Al$_2$O$_3$/ZrO$_2$ 复合材料，催化水解 CFC-12。制备条件：Al$_2$O$_3$ 和 ZrO$_2$ 的摩尔比为 1.0，焙烧温度为 800℃，焙烧时间为 2 h。按 2.2.1 节的共沉淀法制备 Al$_2$O$_3$/ZrO$_2$ 复合材料，催化水解 CFC-12。制备条件：铝锆摩尔比为 5∶3，焙烧温度为 750℃，焙烧时间为 4 h。实验条件：Al$_2$O$_3$/ZrO$_2$ 复合材料的用量为 1.00 g，并与 50 g 石英砂混合均匀填充于自制石英管中。按 2.2.4 小节的气体组成进行实验，实验结果如图 2.13 所示。

选取两种制备方法的最佳制备条件所制备出的催化剂，用来催化水解 CFC-12，从图 2.13 中可以看出，这两种方法制备的催化剂对催化水解 CFC-12 都有一定的催化水解效果，共沉淀法制备的催化剂在催化水解温度为 150℃时达到最佳，水解率为 74.53%，溶胶-凝胶法制备的催化剂在催化水解温度为 100℃时达到最佳，水解率为 98.75%。由此可以看出，溶胶-凝胶法制备的催化剂具有更好的催化活性。接下来的实验将围绕溶胶-凝胶法的制备条件对 CFC-12 水解率的影响展开。

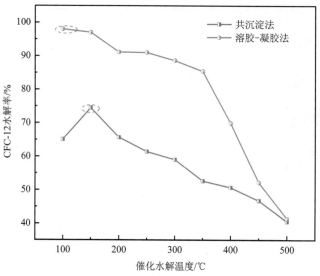

图 2.13　$Al_2O_3/ZrO_2$ 制备方法对 CFC-12 水解率的影响

### 2.4.5　$Al_2O_3$ 与 $ZrO_2$ 摩尔比对 CFC-12 水解率影响

按 2.2.1 小节方法制备 $Al_2O_3/ZrO_2$ 复合材料，催化水解 CFC-12。制备条件：$Al_2O_3$ 和 $ZrO_2$ 的摩尔比分别为 0.5、1.0、1.5、2.0、2.5，焙烧温度为 800℃、焙烧时间为 2 h。实验条件：$Al_2O_3/ZrO_2$ 复合材料的用量为 1.00 g，并与 50 g 石英砂混合均匀填充于自制石英管中。按 2.2.4 小节的气体组成进行实验，实验结果如图 2.14 所示。

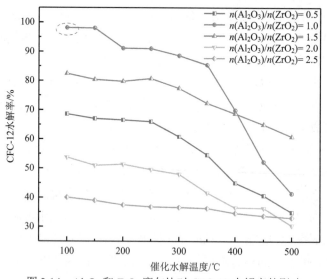

图 2.14　$Al_2O_3$ 和 $ZrO_2$ 摩尔比对 CFC-12 水解率的影响

如图 2.14 所示，随着 Al$_2$O$_3$ 量的增加，水解率逐渐增大，在 $n$(Al$_2$O$_3$)/$n$(ZrO$_2$)=1.0，催化水解温度为 100℃时达到最佳，水解率为 98.75%，当 $n$(Al$_2$O$_3$)/$n$(ZrO$_2$) 的摩尔比高于或低于 1.0 时，水解率都呈下降趋势。这主要是由于在 $n$(Al$_2$O$_3$)/$n$(ZrO$_2$)=1.0 时复合材料的结晶度最高，晶型趋于完整。从图中还可以看出，催化水解温度对水解率有较大影响，随催化水解温度的升高水解率急剧下降。结果表明，$n$(Al$_2$O$_3$)/$n$(ZrO$_2$) 的摩尔比过高或过低，催化水解温度过高都不利于水解反应的进行。

### 2.4.6　Al$_2$O$_3$/ZrO$_2$ 焙烧温度对 CFC-12 水解率影响

按 2.2.1 小节方法制备 Al$_2$O$_3$/ZrO$_2$ 复合材料，催化水解 CFC-12。制备条件：Al$_2$O$_3$ 和 ZrO$_2$ 的摩尔比为 1.0，焙烧温度分别为 700℃、750℃、800℃、850℃、900℃，焙烧时间为 2 h。实验条件：Al$_2$O$_3$/ZrO$_2$ 复合材料的用量为 1.00 g，并与 50 g 石英砂混合均匀填充于自制石英管中。按 2.2.4 小节的反应气体组成进行实验，实验结果如图 2.15 所示。

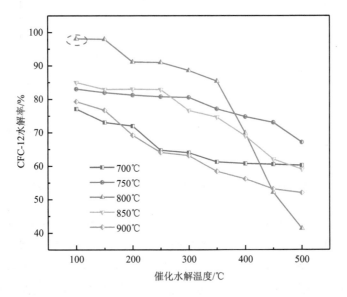

图 2.15　Al$_2$O$_3$/ZrO$_2$ 焙烧温度对 CFC-12 水解率的影响

图 2.15 为 Al$_2$O$_3$/ZrO$_2$ 摩尔比为 1.0，在焙烧时间为 2 h，不同焙烧温度下复合材料 Al$_2$O$_3$/ZrO$_2$ 对 CFC-12 水解率的影响。从图中可以看出，随着焙烧温度的增加，水解率呈现先增加后减小的趋势，在焙烧温度为 800℃时达到最佳，水解率

为 98.75%，之后随焙烧温度的增加，水解率呈下降趋势，850℃以上急剧下降。这主要是由于温度较高使催化剂烧结，从而降低了催化活性。

### 2.4.7　$Al_2O_3/ZrO_2$ 焙烧时间对 CFC-12 水解率影响

　　按 2.2.1 小节方法制备 $Al_2O_3/ZrO_2$ 复合材料，催化水解 CFC-12。制备条件：$Al_2O_3$ 和 $ZrO_2$ 的摩尔比为 1.0，焙烧温度为 800℃，焙烧时间分别为 0.5 h、1 h、1.5 h、2 h、2.5 h。实验条件：$Al_2O_3/ZrO_2$ 复合材料的用量为 1.00 g，并与 50 g 石英砂混合均匀填充于自制石英管中。按 2.2.4 小节的反应气体组成进行实验，实验结果如图 2.16 所示。

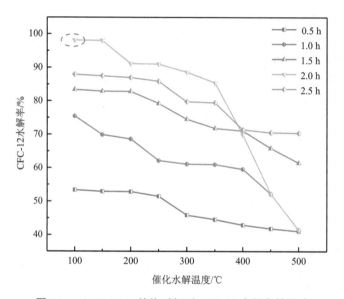

图 2.16　$Al_2O_3/ZrO_2$ 焙烧时间对 CFC-12 水解率的影响

　　图 2.16 为在焙烧温度为 800℃，不同焙烧时间下 $Al_2O_3/ZrO_2$ 对 CFC-12 水解率的影响。从图中可以看出，随着焙烧时间的增加，水解率逐渐增大，在焙烧时间为 2 h 时，水解率达到最大（98.75%），之后再增加焙烧时间，水解率开始呈下降趋势。这主要是因为随着焙烧时间的延长，复合材料的催化活性会有所降低。

### 2.4.8　$Al_2O_3/ZrO_2$ 用量对 CFC-12 水解率影响

　　按 2.2.1 小节方法制备 $Al_2O_3/ZrO_2$ 复合材料，催化水解 CFC-12。制备条件：$Al_2O_3$ 和 $ZrO_2$ 的摩尔比为 1.0，焙烧温度为 800℃，焙烧时间为 2 h。实验条件：$Al_2O_3/ZrO_2$ 复合材料的用量为 0.50 g、0.75 g、1.00 g、1.25 g、1.50 g，分别与 50 g

石英砂混合均匀填充于自制石英管中。按 2.2.4 小节的反应气体组成进行实验，实验结果如图 2.17 所示。

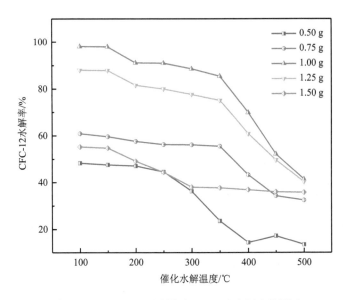

图 2.17　Al₂O₃/ZrO₂ 用量对 CFC-12 水解率的影响

从图 2.17 中可以看出，催化剂的用量太少，Al₂O₃/ZrO₂ 复合材料对 CFC-12 的水解效果不太理想。这主要是由于用量太少，能够提供的活性位点就少，从而反应活性较低，因此对 CFC-12 的降解率较低。随着催化剂用量的增加，在催化剂用量为 1.00 g 时，催化水解率达到 98.75%，继续加大催化剂的用量，发现水解率呈急剧下降的趋势。这主要是由于当催化剂用量过多时，催化剂容易发生聚集而沉降，从而降低了催化剂的总比表面积，使得复合材料与反应气体的有效接触面积减少，导致催化水解率降低[128]。

### 2.4.9　产物的 EDS 分析

按 2.2.1 小节方法制备的 Al₂O₃/ZrO₂，取其用量为 1 g，与 50 g 石英砂混合填入自制的石英管中，随后将石英管放入管式炉中，通入 2.2.4 小节组分的气体进行催化水解反应。将反应后的气体通入 NaOH 吸收液中，然后取吸收液进行烘干处理，对析出的晶体进行 EDS 表征，结果如图 2.18 和表 2.3 所示。

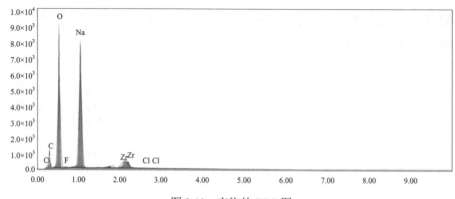

图 2.18　产物的 EDS 图

**表 2.3　产物的 EDS 表征参数**

| 元素 | 质量分数/% | 原子分数/% |
| --- | --- | --- |
| C | 15.36 | 22.48 |
| O | 42.13 | 46.29 |
| F | 0.81 | 0.75 |
| Na | 39.18 | 29.96 |
| Zr | 2.45 | 0.47 |
| Cl | 0.08 | 0.04 |

通过 EDS 的检测结果可知，产物中只含有碳(C)、氧(O)、钠(Na)、锆(Zr)、氟(F)和氯(Cl)六种元素，没有出现其他杂元素，说明降解产物是 $CO_2$。降解产物单一且不会造成二次污染，符合对氟利昂无害化处理的预期目标。

### 2.4.10　小结

(1)本节用溶胶-凝胶法和共沉淀法制备了催化剂，用其来催化水解 CFC-12。实验结果表明，采用溶胶-凝胶法制备的催化剂，当水解温度为 100℃时，水解率达到 98.75%；采用共沉淀法制备的催化剂，当水解温度为 100℃时，水解率仅为 74.53%。

(2) 使用单一金属氧化物 $ZrO_2$ 催化水解 CFC-12，当水解温度为 150℃时达到最佳，催化水解率为 67%。

(3) 使用单一金属氧化物 $Al_2O_3$ 催化水解 CFC-12，当催化水解温度为 100℃时达到最佳，催化水解率为 63%。

(4)使用复合材料 $Al_2O_3/ZrO_2$ 催化水解 CFC-12，当水解温度为 100℃时达到最佳，水解率为 98%。实验结果表明，复合后的催化剂的催化活性高于单相的催化活性。

（5）探究了催化剂用量对催化活性的影响。实验结果表明，催化剂的用量过多或过少都不利于催化水解的进行，当催化剂用量为 1.00 g 时，催化水解 CFC-12 达到最佳，水解率为 98%。

（6）探究了用复合材料 Al$_2$O$_3$/ZrO$_2$ 分别催化水解 HCFC-22 和 CFC-12。经催化水解实验可知，Al$_2$O$_3$/ZrO$_2$ 对两者都有较好的催化水解效果，当催化水解温度为 100℃时，催化水解 HCFC-22 的水解率为 98.95%，催化水解 CFC-12 的水解率为 98.75%。

（7）综上所述，催化剂的制备方法、制备的物料摩尔比、焙烧温度和焙烧时间以及催化剂用量对 CFC-12 的水解率都有一定影响，以水解率为评价标准得出催化剂的最佳制备条件：制备方法采用溶胶-凝胶法、Al$_2$O$_3$ 和 ZrO$_2$ 的摩尔比为 1∶1，焙烧温度为 800℃，焙烧时间为 2 h；最佳催化水解条件：催化剂用量为 1.00 g，催化水解温度为 100℃。在最佳制备条件和催化水解条件下，复合材料对 CFC-12 的水解率达到最佳，为 98%。

## 2.5　催化剂表征与分析

### 2.5.1　引言

本节在 2.4 节的实验基础上对复合材料进行了多种表征，从形貌、晶体相结构、元素价态的变化、组成成分、比表面积、酸碱性、官能团的变化及其热稳定性各方面来探讨复合材料的催化性能。

### 2.5.2　催化剂表征

#### 1. 扫描电子显微镜

按 2.2.1 小节制备的 Al$_2$O$_3$/ZrO$_2$ 复合材料，对反应前后的复合材料进行 SEM 表征，结果如图 2.19 所示。

从图 2.19 可知，反应前催化剂的形状是块状，周围是清晰的轮廓，进行了对氟利昂的催化水解反应后，催化剂的形貌结构依然保持原状。由于实验过程中引入了二氧化硅作为填充剂，在回收催化剂的过程中筛分不彻底，因此表面出现了一些细小的二氧化硅颗粒。结合催化实验结果说明 Al$_2$O$_3$/ZrO$_2$ 复合材料具有较高的催化活性，稳定性较好。

图 2.19　Al$_2$O$_3$/ZrO$_2$ 反应前后的 SEM 图

(a)反应前；(b)反应后

### 2. 透射电子显微镜

按 2.2.1 小节制备的 Al$_2$O$_3$/ZrO$_2$ 复合材料，选取催化水解效果最佳的复合材料进行 TEM 表征，结果如图 2.20 所示。

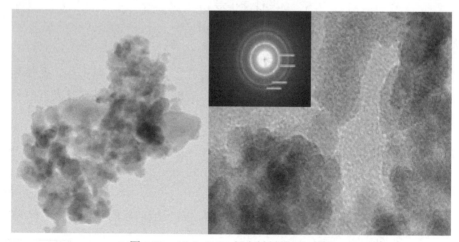

图 2.20　Al$_2$O$_3$/ZrO$_2$ 复合材料的 TEM 图

从图 2.20 可以看出，当 Al$_2$O$_3$ 和 ZrO$_2$ 摩尔比为 1，焙烧温度为 800℃，焙烧时间为 2 h 时，Al$_2$O$_3$/ZrO$_2$ 主要以晶态存在，选区衍射图为同心圆，表明样品为多晶。

3. X 射线衍射表征

按 2.2.1 小节制备的 Al₂O₃/ZrO₂ 复合材料，制备条件：Al₂O₃ 和 ZrO₂ 摩尔比为 1，焙烧温度分别为 750℃、800℃ 和 850℃，焙烧时间为 2 h。对不同焙烧温度下的复合材料进行 XRD 分析，结果如图 2.21 所示。

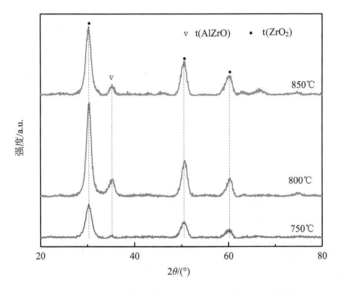

图 2.21　不同焙烧温度下 Al₂O₃/ZrO₂ 的 XRD 图谱

从图 2.21 中可以看出，Al₂O₃/ZrO₂ 复合材料中 ZrO₂ 以立方相为主要存在形式。关于 Al₂O₃ 晶相的任何衍射峰都没有被检测出，说明在图中温度范围内 Al₂O₃ 在 ZrO₂ 晶格中是以固溶体为主要存在形式。焙烧温度从 750℃ 上升到 800℃，衍射峰的强度变强，峰宽越来越窄，峰形越来越尖锐，说明复合膜中的晶粒在不断长大，结晶度也在升高，完整的晶型逐渐显现。结合催化水解实验结果说明晶型的完整性与其催化活性呈正相关，晶型较完整的催化剂，催化活性也较高。焙烧温度达到 800℃ 之后，通过查询标准卡片库进行对比分析，发现有 AlZrO 相生成，说明 Al₂O₃ 和 ZrO₂ 的混合方式不仅仅是简单的物理混合，而是通过 Al—Zr—O 键连接的真正复合。

按 2.2.1 小节制备的 Al₂O₃/ZrO₂ 复合材料，制备条件：Al₂O₃ 和 ZrO₂ 的摩尔比分别为 0.5、1.0 和 1.5，焙烧温度为 800℃，焙烧时间为 2 h。对不同摩尔比下的复合材料进行 XRD 分析，结果如图 2.22 所示。

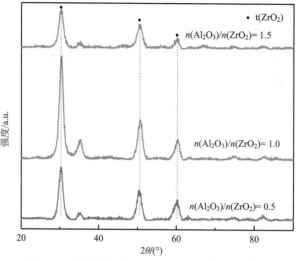

图 2.22 不同摩尔比下 $Al_2O_3/ZrO_2$ 的 XRD 图谱

从图 2.22 中可以看出，$n(Al_2O_3)/n(ZrO_2)=1.0$ 时的衍射峰的峰形最尖锐，说明该摩尔比下的 $Al_2O_3/ZrO_2$ 复合材料结晶度最高，晶型趋于完整。随着 $Al_2O_3$ 含量的增加或减少，t-$ZrO_2$ 的衍射峰强度都不断减弱，峰形由窄变宽，说明 $Al_2O_3$ 过多或过少都不利于立方相 $ZrO_2$ 晶粒的成长。结合催化水解实验结果来看，再次验证了有完整晶型的复合材料的催化活性也较好。

按 2.2.1 小节制备的 $Al_2O_3/ZrO_2$ 复合材料，制备条件：$n(Al_2O_3)/n(ZrO_2)=1.0$，焙烧温度为 800℃，焙烧时间分别为 1 h、1.5 h、2 h 和 2.5 h。对不同焙烧时间下的复合材料进行 XRD 分析，结果如图 2.23 所示。

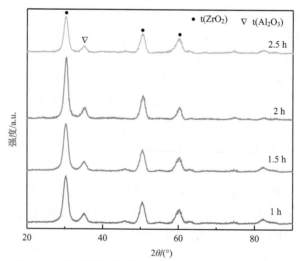

图 2.23 不同焙烧时间制备的 $Al_2O_3/ZrO_2$ 的 XRD 图谱

　　从图 2.23 中可以看出，焙烧时间为 2 h 时的衍射峰的峰形最尖锐，说明该焙烧时间下的 Al₂O₃/ZrO₂ 复合材料结晶度最高，晶型趋于完整，结合催化水解实验，焙烧 2 h 的复合材料催化水解效果最好。随焙烧时间逐渐延长，t-ZrO₂ 的衍射峰强度都不断减弱，说明焙烧时间过长，催化剂可能存在烧结，结合催化水解实验，烧结的复合材料活性降低。焙烧时间太短催化活性不佳，主要是由于催化剂焙烧不充分，结晶度不高，晶型未达到完整。

　　4. 能谱分析

　　按 2.2.1 小节制备的 Al₂O₃/ZrO₂ 复合材料，选取催化水解效果最佳的复合材料进行催化水解反应，对反应后的复合材料进行回收并进行 EDS 表征。复合材料反应前后的 EDS 结果如图 2.24 所示。

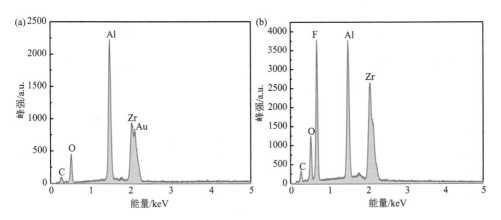

图 2.24　Al₂O₃/ZrO₂ 反应前 (a) 和反应后 (b) 的 EDS 图

　　从图 2.24 中反应前的 EDS 测试结果可知，合成的 Al₂O₃/ZrO₂ 复合材料中含有碳 (C)、氧 (O)、铝 (Al)、锆 (Zr) 和金 (Au) 五种元素。由于测试过程中需要用到导电胶，所以出现了碳元素，金元素的出现主要是测试过程中进行了喷金处理，此外没有出现其他杂元素，说明合成的复合材料较纯。从图 2.24 中反应后的 EDS 测试结果可以看出，除了反应前 EDS 测试出的四种元素外，还出现了氟 (F) 元素。氟元素出现的原因是发生了氟化现象。而缺少的金元素是由于测试反应后的复合材料时没有进行喷金处理。综上所述，说明用 2.2.1 小节方法制备的 Al₂O₃/ZrO₂ 复合材料的纯度较高。

## 5. X 射线光电子能谱分析

按 2.2.4 小节制备的 $Al_2O_3/ZrO_2$ 复合材料，制备条件：$n(Al_2O_3)/n(ZrO_2)=1.0$，焙烧温度为 800℃，焙烧时间为 2 h。对该制备条件下的复合材料进行 XPS 分析，结果如图 2.25 所示。

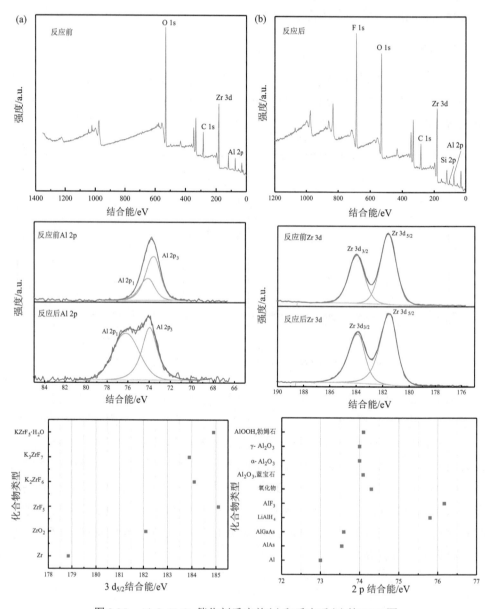

图 2.25　$Al_2O_3/ZrO_2$ 催化剂反应前 (a) 和反应后 (b) 的 XPS 图

图 2.25 显示了 Al$_2$O$_3$/ZrO$_2$ 反应前后的 XPS 图。从图中可以看出，反应后的催化剂中出现了 F 和 Si，F 主要是由于通入 HCFC-22 引入的，Si 主要是填充材料 SiO$_2$ 引入的。对反应前后 Al$_2$O$_3$/ZrO$_2$ 的 XPS 图进行了拟合，对于图中的 Al 2p 光谱，反应前在 73.7eV 和 74.09eV(表 2.4)处分别有一个主峰，查阅 X 射线光电子能谱手册，归属于 Al$_2$O$_3$ 的衍射峰；反应后在 76.17eV 处有一个主峰，查阅 X 射线光电子能谱手册可知该衍射峰归属于 AlF$_3$ 的衍射峰。对于图中的 Zr 3d 光谱，反应前在 182.33eV 和 184.23eV 处各有一个衍射峰，通过对拟合面积进行比较，以 ZrO$_2$ 为主要存在形式，与 XRD 表征结果一致；反应后的 Zr 3d 光谱，在 181.97eV 和 185.04eV 处各有一个衍射峰，通过查阅 X 射线光电子能谱手册，发现有 Zr$^{5+}$ 生成，说明有氧化反应发生。

表 2.4　反应前后 Al$_2$O$_3$/ZrO$_2$ 催化剂的 XPS 表征

| 杂化轨道 | 峰结合能/eV | 峰面积/eV |
|---|---|---|
| 反应前 Zr 3d$_5$ | 182.33 | 52080.74 |
| 反应前 Zr 3d$_3$ | 184.23 | 35787.99 |
| 反应后 Zr 3d$_5$ | 181.97 | 42182.74 |
| 反应后 Zr 3d$_3$ | 185.04 | 35791.25 |
| 反应前 Al 2p$_1$ | 74.09 | 4257.16 |
| 反应前 Al 2p$_3$ | 73.7 | 8514.32 |
| 反应后 Al 2p$_1$ | 76.17 | 6647.3 |
| 反应后 Al 2p$_3$ | 73.96 | 4854.56 |

6. BET N$_2$ 等温吸附-脱附表征

按 2.2.1 小节制备的 Al$_2$O$_3$/ZrO$_2$ 复合材料，制备条件：$n(\text{Al}_2\text{O}_3)/n(\text{ZrO}_2)=1.0$，焙烧温度分别为 700℃、800℃和 900℃，焙烧时间为 2 h。对不同焙烧温度下的复合材料进行 BET 分析，结果如图 2.26 所示。

图 2.26 是不同焙烧温度下 Al$_2$O$_3$/ZrO$_2$ 复合材料的 N$_2$ 吸附-脱附等温线，根据 Brunauer-Deming-Deming-Teller(BDDT)分类，属于Ⅳ型。图中出现了吸附滞后现象，产生 H2 滞后环是由多孔吸附质和均匀的颗粒堆积孔造成的，表明复合材料中的固体颗粒是介孔结构。在低压力区，N$_2$ 吸附-脱附等温线偏离 $y$ 轴，说明催化剂和氮气存在巨大的作用力，催化剂中存在许多微孔[129]。在中压力区，逐渐形成多层吸附，吸附量增加较快，当压力达到饱和蒸气压时，吸附量达到饱和，等温线逐渐变得平缓[130]。在 700℃和 900℃焙烧的 Al$_2$O$_3$/ZrO$_2$ 复合材料在相对压力

为 0.5，800℃焙烧的 $Al_2O_3/ZrO_2$ 复合材料在相对压力为 0.6 时，等温线的斜率变化明显，说明此时的介孔材料具有较好的均匀性。等温线在相对压力趋于 1.0 时有上升趋势，说明此时的复合材料有颗粒堆积或有大孔结构出现。结合催化水解实验结果分析，在 800℃焙烧的复合材料对 HCFC-22 和 CFC-12 的水解率都达到最佳，说明均匀的孔结构有利于提高复合材料的催化活性。

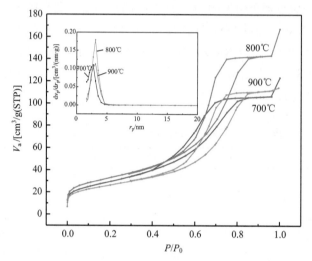

图 2.26　$Al_2O_3/ZrO_2$ 在不同焙烧温度下的 $N_2$ 吸附–脱附等温线

表 2.5 列出了不同温度下 $Al_2O_3/ZrO_2$ 复合材料的孔结构参数。从表中可以看出，当焙烧温度达到 800℃时，$Al_2O_3/ZrO_2$ 复合材料的比表面积和孔体积最大。较大的比表面积和孔体积有利于增加 HCFC-22 和 CFC-12 与 $Al_2O_3/ZrO_2$ 复合材料的接触时间，从而提高水解率。

表 2.5　$Al_2O_3/ZrO_2$ 复合材料在不同焙烧温度下的孔结构参数

| 温度/℃ | BET 比表面积/$(m^2/g)$ | 孔体积/$(cm^3/g)$ | BJH 中值孔径/nm |
| --- | --- | --- | --- |
| 700 | 106.88 | 0.188 | 2.74 |
| 800 | 116.63 | 0.2619 | 3.12 |
| 900 | 92.389 | 0.1835 | 3.12 |

按 2.2.1 小节制备的 $Al_2O_3/ZrO_2$ 复合材料，制备条件：$Al_2O_3$ 和 $ZrO_2$ 的摩尔比分别为 0.5、1.0 和 1.5，焙烧温度为 800℃，焙烧时间为 2 h。对不同摩尔比下的复合材料进行 BET 分析，结果如图 2.27 所示。

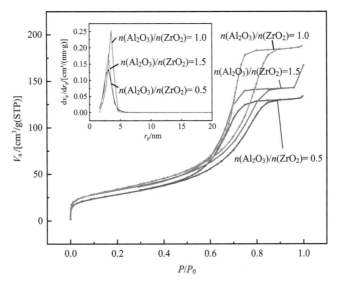

图 2.27　Al$_2$O$_3$/ZrO$_2$ 在不同摩尔比下的 N$_2$ 吸附-脱附等温线

　　如图 2.27 所示，根据 BDDT 分类，等温线属于 IV 型，图中出现了吸附滞后现象，这是由于多孔吸附质和均匀的颗粒堆积孔的存在，所以产生 H2 滞后环，从而也说明了复合材料中的固体颗粒主要是介孔结构。在低压力区，由于催化剂和氮气有很强的作用力，N$_2$ 吸附-脱附等温线偏离 $y$ 轴，说明催化剂中存在许多微孔。在中压力区，多层吸附开始逐渐形成，吸附量也随之急剧增加，当压力达到饱和蒸气压时，吸附达到饱和，等温线开始变得平缓。摩尔比为 0.5 和 1.5 的复合材料的相对压力是 0.5，摩尔比为 1.0 的 Al$_2$O$_3$/ZrO$_2$ 复合材料的相对压力接近 0.6，此时等温线的变化斜率最高，说明此时的介孔材料具有很好的均匀性。等温线在相对压力接近 1.0 时逐渐上升，说明样品中开始有颗粒堆积或出现大孔结构。

　　表 2.6 列出了不同摩尔比下 Al$_2$O$_3$/ZrO$_2$ 复合材料的孔结构参数。从表中可以看出，Al$_2$O$_3$/ZrO$_2$ 复合材料的比表面积和孔体积最大的是摩尔比为 1.0 的复合材料。较大的比表面积和孔体积有利于增加反应气体与 Al$_2$O$_3$/ZrO$_2$ 复合材料的接触时间，从而提高水解率。

表 2.6　Al$_2$O$_3$/ZrO$_2$ 复合材料在不同摩尔比下的孔结构参数

| 摩尔比 | BET 比表面积/(m$^2$/g) | 孔体积/(cm$^3$/g) | BJH 中值孔径/nm |
|---|---|---|---|
| 0.5 | 100.16 | 0.2181 | 3.12 |
| 1.0 | 116.63 | 0.2619 | 3.12 |
| 1.5 | 122.62 | 0.3126 | 3.55 |

**7. CO₂ 和 NH₃ 程序升温脱附**

按 2.2.1 小节制备的氧化物 $Al_2O_3$，对其进行 $CO_2$-TPD 和 $NH_3$-TPD 表征分析，结果如图 2.28 所示。

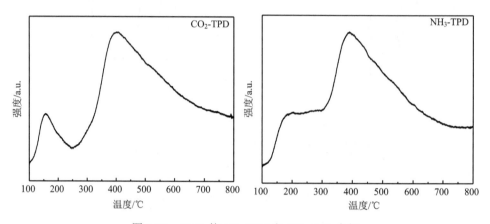

图 2.28　$Al_2O_3$ 的 $CO_2$-TPD 和 $NH_3$-TPD 表征

图 2.28 为 $Al_2O_3$ 的 $CO_2$-TPD 和 $NH_3$-TPD 的吸脱附曲线，$CO_2$ 脱附温度区间可分为 3 个阶段：50～200℃、200～400℃、400～600℃，分别对应弱碱性、中强碱性及强碱性位点；$NH_3$ 脱附温度区间可分为 3 个阶段：100～150℃、200～230℃、500～700℃，分别对应弱酸性、中强酸性及强酸性位点。从图中可以看出，$Al_2O_3$ 在低温下以弱碱性为主，随着温度的升高强酸碱性强度相当。

按 2.2.1 小节制备的 $Al_2O_3/ZrO_2$ 复合材料，制备条件：$n(Al_2O_3)/n(ZrO_2)=1.0$，焙烧温度分别为 700℃、800℃ 和 900℃，焙烧时间为 2 h。对不同焙烧温度下的复合材料进行 $NH_3$-TPD 和 $CO_2$-TPD 分析，结果如图 2.29 所示。

图 2.29 为 $Al_2O_3/ZrO_2$ 复合材料在不同焙烧温度下的 $CO_2$-TPD 和 $NH_3$-TPD 吸脱附曲线。从图中可以看出，在 800℃ 和 850℃ 焙烧的复合材料在 70℃ 处有较大的吸附脱附峰，750℃ 焙烧的复合材料在 110℃ 处有较大的吸附脱附峰，均归属于 $Al_2O_3/ZrO_2$ 表面的弱碱性脱附峰，在 200～600℃ 出现了一些小尖峰，说明复合材料还存在较弱的中强碱性和强碱性。从图中还可以看出，三种焙烧温度下中强碱性和强碱性强度相当。在 800℃ 焙烧温度下的复合材料的弱碱性强度最强，随着温度的继续升高，强度减弱。结合前面的实验研究结果表明 $Al_2O_3/ZrO_2$ 在 800℃ 焙烧的水解效果最佳，结合 $CO_2$-TPD 实验结果，说明复合材料 $Al_2O_3/ZrO_2$ 催化水解 HCFC-22 时，弱碱性位点具有较好的催化活性。与 $NH_3$-TPD 曲线对比也可

得出，800℃条件下的复合材料主要以碱性为主。从图中还可以看出，焙烧温度对弱酸性和弱碱性强度都有明显影响。

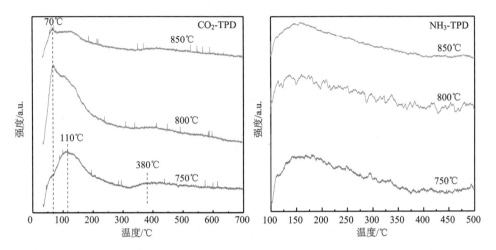

图 2.29　不同焙烧温度下制备的 Al$_2$O$_3$/ZrO$_2$ 的 CO$_2$-TPD 和 NH$_3$-TPD 表征

　　按 2.2.1 小节制备的 Al$_2$O$_3$/ZrO$_2$ 复合材料，制备条件：Al$_2$O$_3$ 和 ZrO$_2$ 的摩尔比分别为 0.5、1.0 和 1.5，焙烧温度为 800℃，焙烧时间为 2 h。对不同摩尔比下的复合材料进行 CO$_2$-TPD 和 NH$_3$-TPD 分析，结果如图 2.30 所示。

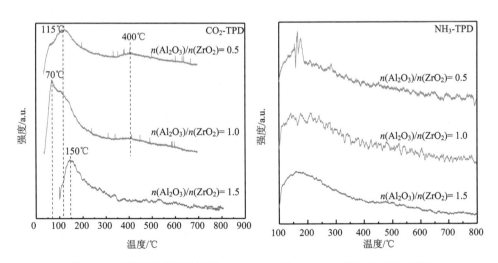

图 2.30　不同摩尔比下制备的 Al$_2$O$_3$/ZrO$_2$ 的 CO$_2$-TPD 和 NH$_3$-TPD 表征

　　图 2.30 为在 800℃焙烧温度，不同 $Al_2O_3$ 和 $ZrO_2$ 摩尔比下制备的复合材料 $Al_2O_3/ZrO_2$ 的 $CO_2$-TPD 和 $NH_3$-TPD 吸脱附曲线。从图中可以看出，在 $n(Al_2O_3)/n(ZrO_2)$=0.5 时，在 115℃和 400℃处出现脱附峰，分别归属于 $Al_2O_3/ZrO_2$ 表面的弱碱性位点和中强碱性位点。在 $n(Al_2O_3)/n(ZrO_2)$=1.0 时，在 70℃处出现脱附峰，归属于 $Al_2O_3/ZrO_2$ 表面的弱碱性位点，在 400℃处还有一个较弱的脱附峰，归属于 $Al_2O_3/ZrO_2$ 表面的中强碱性位点。在 $n(Al_2O_3)/n(ZrO_2)$=1.5 时，在 150℃处出现脱附峰，归属于 $Al_2O_3/ZrO_2$ 表面的弱碱性位点。这表明随着 $Al_2O_3$ 含量的增加，中强碱性位点逐渐消失，摩尔比为 1.0 时的弱碱性位点最强。同样条件下做了 $NH_3$-TPD 表征，通过两组曲线对比可知，复合材料 $Al_2O_3/ZrO_2$ 显两性，结合催化水解实验，弱碱性位点具有较好的催化活性。

　　8. 红外光谱分析

　　按 2.2.1 小节方法制备的 $Al_2O_3/ZrO_2$ 复合材料，制备条件：$n(Al_2O_3)/n(ZrO_2)$=1.0，焙烧温度分别为 700℃、800℃和 900℃，焙烧时间为 2 h。对该条件下制备的复合材料进行 FTIR 分析，结果如图 2.31 所示。

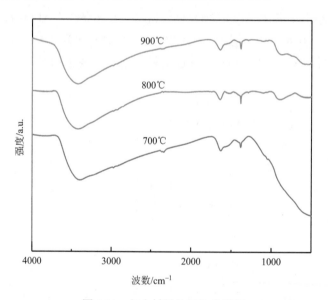

图 2.31　复合材料的红外光谱图

　　从图 2.31 可以看出，随着焙烧温度逐渐升高，峰强度没有明显变化；观察峰强度的变化趋势，可以发现在 900℃的高温下进行处理后，复合材料中的羟基也没有全部被去除，凝胶中立方相氧化锆从非晶态向晶态转变就是因为没有被完全去除的这部分羟基。原因是随着处理温度不断升高，羟基会以水的形式被除去，就会引起氧原子缺失，氧原子一旦缺失，晶格中的各个原子就会自动重组，之后缺乏羟基配位的铝会从晶格中脱出，从而引起氧化锆固溶体的晶相结构发生变化[131]。

9. 热重表征

按 2.2.1 小节方法制备的 Al$_2$O$_3$/ZrO$_2$ 复合材料，制备条件：$n(\text{Al}_2\text{O}_3)/n(\text{ZrO}_2)=1.0$，焙烧温度为 800℃，焙烧时间为 2 h。对该条件下制备的复合材料进行 TG 分析，结果如图 2.32 所示。

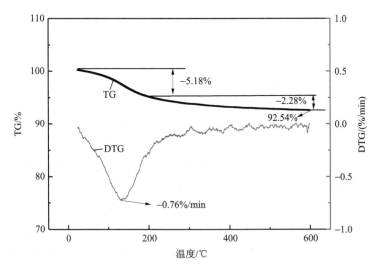

图 2.32 复合材料的热失重-差热分析曲线

由图 2.32 可知，微分热重曲线在 0～200℃有一个轻微的失重台阶，说明在这个阶段失重了 5.18%，失重速率为 0.76%/min，失重原因是干凝胶中以物理状态存在的吸附水游离水挥发了；这也说明了在 200～600℃不存在明显的热效应，复合材料的质量几乎没有变化，逐渐稳定。

## 2.5.3 催化水解 HCFC-22 和 CFC-12 效果对比

按 2.2.1 小节方法制备的 Al$_2$O$_3$/ZrO$_2$ 复合材料，催化水解 HCFC-22 和 CFC-12。制备条件：Al$_2$O$_3$ 和 ZrO$_2$ 的摩尔比为 1.0，焙烧温度为 800℃，焙烧时间为 2 h。实验条件：Al$_2$O$_3$/ZrO$_2$ 复合材料的用量为 1.00 g，并与 50 g 石英砂混合均匀填充于自制石英管中。按 2.2.4 小节的反应气体组成进行实验，实验结果如图 2.33 所示。

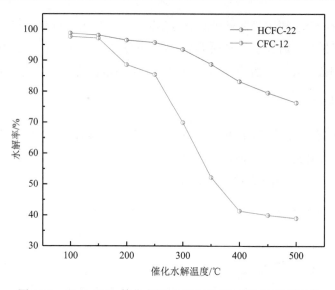

图 2.33　Al$_2$O$_3$/ZrO$_2$ 催化水解 HCFC-22 和 CFC-12 效果对比

从图 2.32 中 Al$_2$O$_3$/ZrO$_2$ 催化水解 HCFC-22 和 CFC-12 效果对比可以看出，Al$_2$O$_3$/ZrO$_2$ 复合材料对 HCFC-22 和 CFC-12 都有较好的水解效果，实验发现其对 HCFC-22 的催化水解比对 CFC-12 稳定得多。随着水解温度的升高，水解率曲线都呈现下降的趋势，明显可以看出 CFC-12 的水解率曲线下降较快，说明其催化稳定性比 HCFC-22 差。产生这种催化活性差异的主要原因是两种气体本身的差异，氟利昂具有可燃性，随着氢原子的减少其可燃性随之降低；其稳定性随着氟氯原子的增加而增加，HCFC-22 与 CFC-12 相比可燃性更高，稳定性更差，所以易分解。

### 2.5.4　单一金属氧化物与复合材料催化水解 HCFC-22 效果比较

按 2.2.1 小节方法制备的催化剂用来催化水解 HCFC-22，按 2.2.4 小节的反应气体组成进行实验，实验结果如图 2.34 所示。

从图 2.34 可以看出，单一金属氧化物（Al$_2$O$_3$ 和 ZrO$_2$）催化 HCFC-22 的水解效果没有复合材料 Al$_2$O$_3$/ZrO$_2$ 的好。同样选取最佳的制备条件制备催化剂，在催化水解温度为 150℃时，达到单一金属氧化物 ZrO$_2$ 的催化水解 HCFC-22 的最佳水解率，仅为 70%；单一金属氧化物 Al$_2$O$_3$ 催化水解 HCFC-22，当催化水解温度为 100℃时，催化水解率为 68.75%，经实验结果可知两种单一金属氧化物的催化活性相当。复合材料催化水解 HCFC-22，当催化水解温度为 100℃时，催化水解率达到最佳，为 98.95%。相比于单一的金属氧化物，复合材料的催化活性更高，更适用于催化水解低浓度氟利昂的研究。

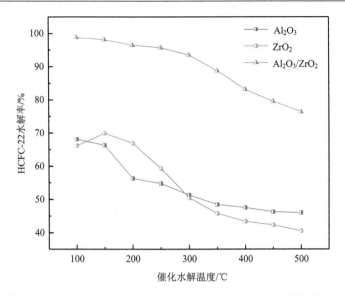

图 2.34　Al₂O₃、ZrO₂ 和 Al₂O₃/ZrO₂ 对 HCFC-22 催化水解效果比较

### 2.5.5　单一金属氧化物与复合材料催化水解 CFC-12 效果比较

按 2.2.1 小节方法制备的催化剂用来催化水解 CFC-12，按 2.2.4 小节的反应气体组成进行实验，实验结果如图 2.35 所示。

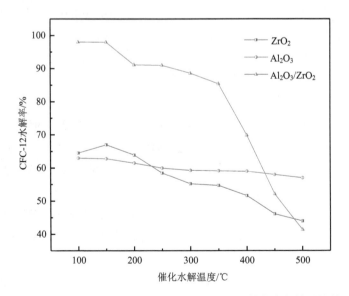

图 2.35　Al₂O₃、ZrO₂ 和 Al₂O₃/ZrO₂ 对 CFC-12 催化水解效果比较

从图 2.35 可以看出，单一金属氧化物($Al_2O_3$ 和 $ZrO_2$)催化 CFC-12 的水解效果没有复合材料 $Al_2O_3/ZrO_2$ 的好，同样选取最佳的制备条件制备催化剂，在催化水解温度为 150℃时，单一金属氧化物 $ZrO_2$ 催化水解 CFC-12 的水解率仅为 67%；单一金属氧化物 $Al_2O_3$ 催化水解 CFC-12，当催化水解温度为 100℃时，催化水解率为 63%，经实验结果可知两种单一金属氧化物对 CFC-12 都没有较好的催化活性。复合材料催化水解 CFC-12，当催化水解温度为 100℃时，催化水解率达到最佳，为 98.75%。实验结果与催化水解 CFC-12 的效果相似，复合材料的催化活性比单一金属氧化物更好，更适用于催化水解低浓度氟利昂的研究。

### 2.5.6　小结

(1)对反应前后 $Al_2O_3/ZrO_2$ 催化剂分别进行了 SEM 表征，SEM 图显示，该催化剂结晶度较好，呈块状，轮廓较清晰，在进行了催化水解反应后，形貌没有发生明显改变，说明其稳定性较好。对优选条件下制备的 $Al_2O_3/ZrO_2$ 催化剂进行 TEM 表征，TEM 图的选区衍射为同心圆，说明该催化剂是多晶。

(2)对催化剂进行了 EDS 表征，由表征结果可知 $Al_2O_3/ZrO_2$ 复合材料中含有碳(C)、氧(O)、铝(Al)、锆(Zr)和金(Au)五种元素，说明制备的催化剂较纯，在制备过程中没有引入杂质。

(3)对不同焙烧温度和不同摩尔比制备的催化剂进行了 BET 表征，结果表明该催化剂是介孔材料，在 $Al_2O_3$ 和 $ZrO_2$ 摩尔比为 1.0，800℃下焙烧 2 h 的催化剂比表面积和孔体积较大，分别为 116.63 $m^2/g$ 和 0.2619 $cm^3/g$。结合催化水解实验结果分析可知，比表面积较大能增加催化剂与反应气体的接触时间，延长接触时间有利于催化水解进行得更充分，从而提高水解率。

(4)对不同焙烧温度和不同摩尔比制备的催化剂进行 $CO_2$-TPD 和 $NH_3$-TPD 表征，结果显示在 $Al_2O_3$ 和 $ZrO_2$ 摩尔比为 1.0，800℃下焙烧 2 h 的催化剂弱碱性最强，结合催化水解实验可知，弱碱性越强催化活性越高。同时，还可以看出焙烧温度和摩尔比对酸碱性位点有一定影响，焙烧温度逐渐升高，弱碱性随之减弱，从而导致催化活性降低。

(5)对不同焙烧温度、焙烧时间和摩尔比制备的催化剂进行 XRD 表征，结合 TEM 表征结果表明该催化剂属于多晶，以立方相的 $ZrO_2$ 为主要存在形式。

(6)对反应前后的催化剂进行 XPS 分析，由表征结果可知反应后没有生成新的物质，说明用该催化剂进行催化水解实验不会造成二次污染。对反应前后的 XPS 图进行拟合，通过比较拟合结果分析得出，$ZrO_2$ 为主要存在形式。通过观察锆元素价态的变化可知，在催化水解实验中，催化剂发生了氧化反应。

　　(7) 选取最佳条件制备的催化剂进行 TG 表征，由表征结果可知微分热重曲线在 0～200℃有一个轻微的失重台阶，失重原因是干凝胶中以物理状态存在的吸附水游离水挥发了，与复合材料本身没有直接联系；在 200～600℃没有明显的热效应，复合材料的质量几乎也无明显变化。TG 分析结果表明该催化剂的热稳定性较好。

　　(8) 结合催化水解实验结果，对催化水解效果最佳的 Al₂O₃/ZrO₂ 复合材料进行 TEM 和 XRD 表征，结果表明此时的复合材料以立方相的 ZrO₂ 为主要晶态存在形式；SEM、EDS 和 XPS 表征结果表明复合材料反应前后，主要组成成分没有发生变化；BET 表征结果表明此时的复合材料是介孔结构且具有较好的均匀性；CO₂(NH₃)-TPD 表征结果表明此时的复合材料弱碱性较强；FTIR 表征结果说明了立方相的 ZrO₂ 从非晶态向晶态转变的主要原因是复合材料中存在没有被完全去除的羟基；TG 表征结果也补充说明了复合材料的热稳定性。综上可知，Al₂O₃/ZrO₂ 复合材料的立方晶相，均匀的介孔结构，弱碱性，较好的稳定性决定了其具有较好的催化活性，更适用于催化水解低浓度氟利昂的研究。

# 第 3 章　复合材料 ZnO/ZrO₂ 催化水解 HCFC-22 和 CFC-12 研究

## 3.1　实验仪器和试剂

催化实验过程中的仪器及试剂分别见表 3.1 和表 3.2。

表 3.1　实验仪器

| 仪器名称 | 型号 | 生产厂家 |
| --- | --- | --- |
| 流量显示仪 | D08-4F | 北京七星华创科技有限公司 |
| 流量控制器 | D07 | 北京七星华创科技有限公司 |
| 管式炉 | LINDBERG BLUE M | 赛默飞世尔科技有限公司 |
| 电子天平 | AR224CN | 奥豪斯仪器(上海)有限公司 |
| 集热式恒温加热磁力搅拌器 | DF-101S | 巩义市予华仪器有限责任公司 |
| 数显智能控温磁力搅拌器 | SZCL-2 | 巩义市予华仪器有限责任公司 |
| 循环水式真空泵 | SHZ-D | 巩义市予华仪器有限责任公司 |
| 电势恒温干燥箱 | WHL-45B | 天津市泰斯特仪器有限公司 |
| 马弗炉 | Carbolite CWF 11/5 | 上海上碧实验仪器有限公司 |
| 石英管 | $\phi 3$ mm×120 cm | 定制 |
| 气体采样袋 | 0.2 L | 大连海得科技有限公司 |
| GC/MS | Thermo Fisher (ISQ) | 赛默飞世尔科技有限公司 |
| 色谱柱 | 260B142P | 赛默飞世尔科技有限公司 |
| X 射线衍射仪 | D8 Advance | 德国 Bruker 公司 |
| 气体吸附仪 | BELSORP-max | 麦奇克拜尔有限公司 |
| 全自动化学吸附仪 | DAS-7200 | 湖南华思仪器有限公司 |
| 傅里叶变换红外光谱仪 | Nicolet iS10 | 赛默飞世尔科技有限公司 |

表 3.2　实验试剂

| 试剂名称 | 等级 | 生产厂家 |
| --- | --- | --- |
| $CHClF_2$ | — | 浙江巨化股份有限公司 |
| $CCl_2F_2$ | — | 浙江巨化股份有限公司 |

| 试剂名称 | 等级 | 生产厂家 |
| --- | --- | --- |
| $N_2$ | 99.99% | 昆明广瑞达特种气体有限责任公司 |
| $Zn(NO_3)_2 \cdot 6H_2O$ | AR | 天津市风船化学试剂科技有限公司 |
| $Zr(NO_3)_4 \cdot 5H_2O$ | AR | 上海麦克林生化科技有限公司 |
| $NH_3 \cdot H_2O$ | AR | 天津市致远化学试剂有限公司 |
| 一水合柠檬酸 | AR | 天津市风船化学试剂科技有限公司 |
| 聚乙二醇-4000 | AR | 天津市光复精细化工研究所 |

## 3.2　实　验　方　法

### 3.2.1　催化剂制备

**1. ZnO 制备**

采用柠檬酸络合法制备 ZnO。将一定量的 $Zn(NO_3)_2 \cdot 6H_2O$ 溶解去离子水中，配制成金属离子总浓度为 0.5 mol/L 的硝酸盐溶液。向硝酸盐溶液中加入柠檬酸，搅拌溶解。然后将溶液置于 90℃ 的数显智能控温磁力搅拌器中，用氨水调节 pH=8，搅拌直到凝胶形成并停止搅拌。将凝胶转移至已预热到 110℃ 的干燥箱中干燥以获得干凝胶，再将干凝胶以 1℃/min 的升温速率在温度为 400℃ 的马弗炉中焙烧 4 h，制得 ZnO 催化剂。

**2. ZrO₂ 制备**

ZrO₂ 用柠檬酸络合法制备。将一定量的 $Zr(NO_3)_4 \cdot 5H_2O$ 溶解在去离子水中，配制成金属离子总浓度为 0.5 mol/L 的硝酸盐溶液。向硝酸盐溶液中加入柠檬酸，搅拌溶解。将得到的溶液放入 90℃ 数显智能控温磁力搅拌器中，用氨水调节初始 pH=8，搅拌至形成黏稠的凝胶，停止搅拌。将凝胶转移至已预热到 110℃ 的干燥箱中干燥，得到干凝胶，再将干凝胶以 1℃/min 的升温速率升温至 400℃，焙烧 4 h，制得 ZrO₂ 催化剂。

**3. ZnO/ZrO₂ 制备（柠檬酸络合法）**

ZnO/ZrO₂ 按照文献[132]用柠檬酸络合法制备。用去离子水溶解一定量的 $Zn(NO_3)_2 \cdot 6H_2O$ 和 $Zr(NO_3)_4 \cdot 5H_2O$，配成金属离子总浓度为 0.5 mol/L 的硝酸盐溶液。向硝酸盐溶液中加入柠檬酸并搅拌。将溶液置于 90℃ 数显智能控温磁力搅拌器中,用氨水调节初始 pH=8,以形成黏稠的凝胶。将凝胶转移到预热至 110℃ 的干燥箱中干燥以获得干凝胶, 然后以 1℃/min 的升温速率将干凝胶加热至 400℃,焙烧 4 h,制得 $ZnO/ZrO_2$ 催化剂。调节柠檬酸的浓度分别为 0.8 mol/L、0.9 mol/L、1.0 mol/L、1.1 mol/L。

### 4. $ZnO/ZrO_2$ 制备(溶剂水热法)

$ZnO/ZrO_2$ 采用溶剂水热法制备。称取一定量的 $Zn(NO_3)_2 \cdot 6H_2O$、$Zr(NO_3)_4 \cdot 5H_2O$ 和 0.2g 聚乙二醇-4000(PEG-4000)放入烧杯中,加入 100mL 去离子水,在电磁搅拌下使其完全溶解,滴加 10%的 $NH_3 \cdot H_2O$ 作沉淀剂,直至滴定的 pH=9 时停止,陈化 1 h 后过滤,将过滤后的滤饼放入高压反应釜中,加入水作矿化剂。设置干燥箱的温度为 180℃,将高压反应釜放入。12 h 后,拿出反应釜冷却至室温,过滤后将滤饼放入恒温干燥箱在 110℃下反应 12 h,以 1℃/min 的升温速率分别升温至 300℃、400℃、500℃和 600℃,焙烧 3 h。

## 3.2.2  催化剂表征

### 1. X 射线衍射

利用德国生产的 Bruker D8 Advance 型 X 射线衍射仪分析催化剂的组分,测试条件为 Cu 靶,$K_\alpha$ 辐射源,$2\theta=20°\sim80°$,扫描速率 12°/min,步长 0.01°/s,工作电压 40 kV,工作电流 40 mA,波长 $\lambda=0.154178$ nm。

### 2. 热重分析

利用瑞士 Mettler-Toledo 公司生产的型号为 TGA/SDTA851e 热重分析仪测定催化剂的热稳定性,升温速率为 10℃/min,测试温度范围为 50~750℃。

### 3. $N_2$ 等温吸附-脱附

在 BELSORP-max 型气体吸附仪上对样品的比表面积和孔径变化进行了表征分析,吸附介质为高纯氮。将样品在 250℃下真空处理 3 h,在–196℃(液氮)条件下进行静态氮气吸附。样品的比表面积用 BET 法计算,孔体积用 BJH 法计算。

### 4. $NH_3$ 程序升温脱附

样品的表面酸性用 DAS-7200 高能动态吸附仪测定。将 100 mg 的催化剂置入石英管中,300℃下预处理 30 min,通入 He,以 10℃/min 冷却至 50℃,预处理完成后再将 He 切换至 $NH_3$。将装有催化剂的石英管在 50℃下通风 1 h,用纯 $NH_3$

进行吸附。除去多余的 $NH_3$（速率 10 mL/min），吹扫 1 h。将样品从 50℃加热至 800℃（加热速率 10℃/min），反应完成后，通过热导检测器（TCD）记录 $NH_3$ 速率（mL/min）。

5. $CO_2$ 程序升温脱附

样品的表面碱性通过 DAS-7200 高能动态吸附仪测得。将 100 mg 的催化剂置入石英管中，在 300℃下预处理 30 min，通入 He，以 10℃/min 冷却至 50℃，预处理完成后再将 He 切换至 $CO_2$。将装有催化剂的石英管在 50℃下通风 1 h，用纯 $CO_2$ 进行吸附。除去多余的 $CO_2$（速率 10 mL/min），吹扫 1 h。将样品从 50℃加热至 800℃（加热速率 10℃/min），反应完成后，通过 TCD 记录 $CO_2$。

6. 傅里叶变换红外光谱

催化剂的分子结构用美国赛默飞世尔科技有限公司生产的 Nicolet iS10 型智能傅里叶变换红外光谱仪进行分析和鉴定。采用 KBr 压片法进行测试。

7. X 射线光电子能谱分析

利用型号为 Thermo Scientific K-AlpHa 的 X 射线光电子能谱仪分析元素组成及价态变化，测试条件为激发源 Al $K_\alpha$ 射线（$h\nu$ =1486.6eV），束斑 400 μm，工作电压 12 kV，灯丝电流 6 mA，分析室真空度优于 $5.0 \times 10^{-7}$ mbar。

8. 扫描电子显微镜表征

催化剂的形貌结构用美国 FEI 公司生产的 NOVA NANOSEM-450 型扫描电子显微镜观察。

9. 能谱表征

样品的元素组成由美国 FEI 公司生产的 NOVA NANOSEM-450 能谱分析仪进行测定。烘干样品，取微量样品均匀分散于导电胶表面进行测量。

## 3.3　催化水解实验流程及检测方法

### 3.3.1　反应流程及装置

催化剂填料的载体为石英砂（主要成分为 $SiO_2$）。将石英管底部塞上适量的石英棉，倒入 50 g 石英砂，称取 1 g 催化剂，在外力作用下使两者在石英管中均匀填充。本节实验模拟的反应气体组成：4.0 mol % CFCs，25.0 mol % $H_2O(g)$，$N_2$。经过催化反应后产生 HCl 和 HF，用 NaOH 溶液吸收，尾气用干燥剂进行处理。10 min 后对反应条件进行采样，然后用气相色谱–质谱取用仪对采集的气体进行定性和定量分析。反应装置见图 3.1。

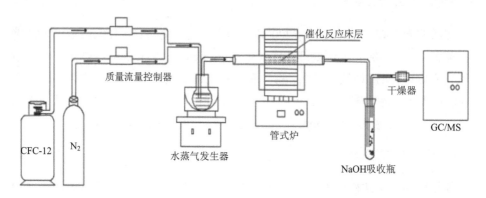

图 3.1 反应装置图

氟利昂水解反应的方程式如下：

$$CFCs + H_2O \xrightarrow{\text{催化剂}} CO + HCl + HF \qquad (3.1)$$

通过式(3.1)可知，在催化剂和水蒸气共同作用的条件下，CFC-12 和 HCFC-22 发生水解反应，CO、HCl 和 HF 为其水解产物。

### 3.3.2 检测方法

采集的气体用气相色谱–质谱联用仪(GC/MS)进行定量和定性分析。测样前，对 GC/MS 的色谱柱设置老化条件：柱流速 1 mL/min，柱温 50℃保持 1 min，以 3.0℃/min 的速率升到 230℃，保持 20 min，以 3.0℃/min 的速率升到 300℃，保持 30 min，循环几次。待仪器稳定后，设置 GC/MS 检测条件：进样口温度 80℃，柱温 35℃，保持 2 min，载气为高纯 He(≥99.99%)，柱流速 1 mL/min，恒流模式，分流比 200:1，质谱离子源为 EI，电子能量 70 eV，离子源温度 260℃，传输线温度 280℃，进样量 0.1 mL。CFC-12 和 HCFC-22 水解率的计算公式如下所示：

$$CFCs水解率 = \frac{CFCs入口峰面积 - CFCs出口峰面积}{CFCs入口峰面积} \times 100\% \qquad (3.2)$$

# 3.4　ZnO/ZrO$_2$ 催化水解 HCFC-22

## 3.4.1　引言

《关于消耗臭氧层物质的蒙特利尔议定书》明确提出禁止生产和使用氟利昂，从而解决氟利昂带来的环境问题。但是，HCFC-22 和 CFC-12 仍存在一些废旧设备中，本书作者课题研究小组已探究了 MgO/ZrO$_2$、MoO$_3$/ZrO$_2$、MoO$_3$/ZrO$_2$-TiO$_2$ 和 Al$_2$O$_3$/ZrO$_2$ 等催化剂催化水解 HCFC-22 和 CFC-12。在上述研究基础上，本章新制备了 ZnO/ZrO$_2$ 催化剂催化水解 HCFC-22 和 CFC-12，以望提高催化剂的催化性能及 HCFC-22 和 CFC-12 的水解率。

本节利用柠檬酸络合法制备了 ZnO/ZrO$_2$，主要考察了催化剂的制备条件(制备方法、金属物质的量比、焙烧温度等)和催化水解条件(催化剂用量、总流速、催化水解温度)对 HCFC-22 水解率的影响；同时，探究了金属氧化物 ZnO、ZrO$_2$ 对 HCFC-22 的水解效果。

## 3.4.2　ZnO 催化水解 HCFC-22

ZnO 催化剂按 3.2.1 小节的方法制备，将其用于催化水解 HCFC-22，实验结果如图 3.2 所示。随着催化水解温度从 100℃升高到 400℃，ZnO 催化剂对 HCFC-22 的催化水解效果呈现缓慢增长的趋势。HCFC-22 的水解率在催化水解温度为 250℃时达到最高，仅为 50.09%；逐渐升高催化水解温度，HCFC-22 的水解率逐

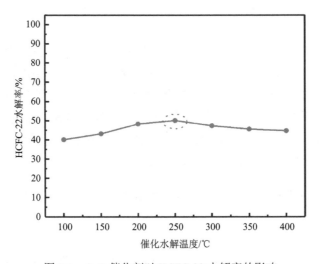

图 3.2　ZnO 催化剂对 HCFC-22 水解率的影响

渐下降。存在的原因是 ZnO 催化剂在高温状态下，其内部结构会受到严重破坏，使得催化剂的活性降低。在催化水解 HCFC-22 实验中，ZnO 催化剂的内部结构受到破坏且催化水解温度较高，催化活性受到影响，故 ZnO 催化剂在催化水解 HCFC-22 中不能作为最佳的催化剂。

### 3.4.3　$ZrO_2$ 催化水解 HCFC-22

$ZrO_2$ 催化剂按 3.2.1 小节的方法制备，用于探究 $ZrO_2$ 催化水解 HCFC-22 水解率的影响，结果如图 3.3 所示。

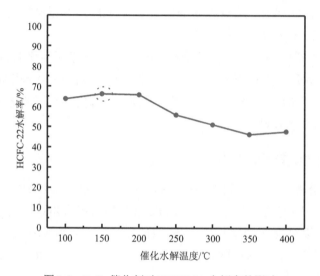

图 3.3　$ZrO_2$ 催化剂对 HCFC-22 水解率的影响

$ZrO_2$ 催化剂对 HCFC-22 催化水解效果不佳，大体呈现下降趋势，当催化水解温度达到 150℃时，HCFC-22 催化水解率达到最高，为 66.16%，逐渐升高水解温度时，HCFC-22 的水解率呈现急剧下降的趋势。可能存在的原因是升高温度对催化剂的活性不利。由此可知与 ZnO 催化剂相比，$ZrO_2$ 催化剂在催化水解 HCFC-22 时的催化性能更好，但 HCFC-22 的催化水解率未达到 90%以上，故 $ZrO_2$ 催化剂在催化水解 HCFC-22 中也不能作为最佳的催化剂。

### 3.4.4　$ZnO/ZrO_2$ 制备条件对 HCFC-22 水解率影响

#### 1. 制备方法

$ZnO/ZrO_2$ 催化剂按 3.2.1 小节中柠檬酸络合法和溶剂水热法制备，将其用于催化水解 HCFC-22。在催化水解 HCFC-22 过程中对比这两种方法制备的催化剂的催化性能，并选出最佳的方法来制备 ZnO/ZrO₂ 催化剂。

如图 3.4 可知，催化水解温度由 50℃升高至 400℃，两种方法制备的催化剂对催化水解 HCFC-22 都有一定的效果。两种方法制备的催化剂在催化水解温度低于 100℃时，HCFC-22 的水解率才可达到 72.03%，未能实现对 HCFC-22 的无害化降解。在催化水解温度为 100℃时，溶剂水热法制备的催化剂催化水解 HCFC-22 达到最佳，水解率为 75.65%，柠檬酸络合法制备的催化剂在催化水解温度为 100℃时，HCFC-22 的水解率达到 99.81%，在 100～300℃基本稳定不变。由此可知，与溶剂水热法相比，通过柠檬酸络合法制备的催化剂在催化水解 HCFC-22 中具有更高的催化活性。因此，接下来的实验将以柠檬酸络合法为主要方法来制备催化剂。后续实验将以催化水解温度为 100℃作为起始温度来探究催化剂的活性对 HCFC-22 水解率的影响。

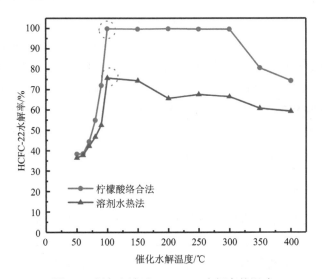

图 3.4　制备方法对 HCFC-22 水解率的影响

2. 金属物质的量比

ZnO/ZrO₂ 按 3.2.1 小节的方法制备，用于催化水解 HCFC-22。考察了 ZnO 和 ZrO₂ 的物质的量比分别为 0.5、0.6、0.7、0.8、0.9，1.0 对催化性能及 HCFC-22 水解率的影响，结果如图 3.5 所示。

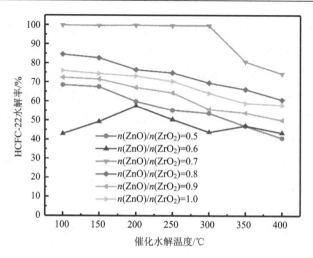

图 3.5  不同物质的量比对 HCFC-22 水解率的影响

ZnO/ZrO$_2$ 不同物质的量比对 HCFC-22 水解率随着催化水解温度的升高呈现逐渐下降的趋势。当催化水解温度为 100℃时，达到本实验的最佳水解率为 99.81%。而当 $n(\text{ZnO})/n(\text{ZrO}_2)$ 从 0.5 增加到 1.0 时，HCFC-22 的水解率呈现先增大后减小的趋势，当 $n(\text{ZnO})/n(\text{ZrO}_2)=0.7$，催化水解温度为 100℃时，HCFC-22 的水解率达到 99.81%。经研究分析主要原因是随着 Zn 成分含量的递增，会导致催化剂的孔道堵塞，而在 $n(\text{ZnO})/n(\text{ZrO}_2)=0.7$ 时的结晶度达到最高，催化剂的晶型趋于完整，有利于提高催化剂的催化活性。

3. 柠檬酸浓度

柠檬酸是催化工艺中常用的络合剂，作为催化剂，柠檬酸中的羧基可以与金属离子螯合形成金属-柠檬酸螯合物，除去水分时发生凝胶化现象形成湿凝胶，干燥生成前驱体，焙烧得到复合氧化物[133-135]。通过柠檬酸作络合剂可以制备出分散度高、粒度细的催化剂。ZnO/ZrO$_2$ 按 3.2.1 小节的方法制备，用于催化水解 HCFC-22。考察了柠檬酸的浓度对 HCFC-22 水解率及催化性能的影响。柠檬酸的浓度分别为 0.8 mol/L、0.9 mol/L、1.0 mol/L、1.1 mol/L。将柠檬酸记作 CA，以上催化剂分别记为 CA-0.8、CA-0.9、CA-1.0、CA-1.1。实验结果如图 3.6 所示。

随着柠檬酸浓度的增加，HCFC-22 的水解率呈现先增大后减小的趋势，而在柠檬酸浓度为 0.9 mol/L，催化水解温度为 100℃时，HCFC-22 的水解率达到本实验的最佳(99.81%)。在催化反应过程中，柠檬酸浓度过高会导致催化剂发生烧结作用，从而降低催化剂的催化活性。柠檬酸浓度的改变可以有效地调控催化剂在

HCFC-22 催化水解反应中的催化性能。

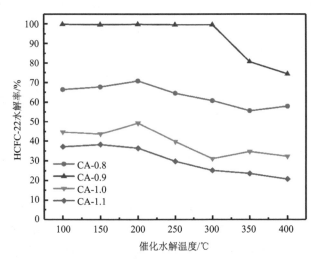

图 3.6　柠檬酸浓度对 HCFC-22 水解率的影响

### 4. 沉淀环境 pH

按 3.2.1 小节的方法制备 ZnO/ZrO$_2$ 催化剂，用于催化水解 HCFC-22。考察了催化剂沉淀环境的 pH 对催化性能的影响。沉淀环境的 pH 分别为 4、6、8、10，制备出的催化剂分别记为 ZZ-4、ZZ-6、ZZ-8、ZZ-10。实验结果如图 3.7 所示。

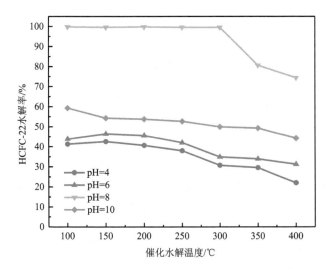

图 3.7　沉淀环境 pH 对 HCFC-22 水解率的影响

　　pH 的大小会影响催化剂中各组分之间的作用方式和沉淀方式。ZnO/ZrO$_2$ 催化剂处于弱碱性环境，强酸性导致沉淀不完全，强碱性导致沉淀达到饱和重新溶解[136]。由图 3.7 可知，在不同沉淀环境 pH 制备出的催化剂对 HCFC-22 水解率的影响实验中，随着 pH 的增加，HCFC-22 的水解率先增大后减小，在 pH=8，催化水解温度为 100℃时，达到本实验的最佳水解率(99.81%)。当沉淀环境的 pH 低于 6.0 时，形成碱式硝酸盐，相应催化剂的活性低。在沉淀环境的 pH 达到 8 时，羧基和金属离子完全配位，故 ZZ-8 的催化活性最好。

　　5. 焙烧温度与焙烧时间

　　1) 焙烧温度

　　按 3.2.1 小节的方法制备 ZnO/ZrO$_2$ 催化剂，用于催化水解 HCFC-22。在 $n(ZnO)/n(ZrO_2)=0.7$，柠檬酸浓度为 0.9 mol/L，pH 为 8 的制备基础上，考察了焙烧温度对 HCFC-22 水解率的影响。催化剂的焙烧温度分别为 350℃、375℃、400℃、425℃、450℃，焙烧时间为 4 h。实验结果如图 3.8 所示。

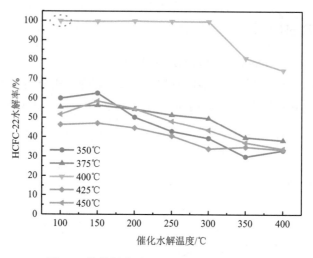

图 3.8　焙烧温度对 HCFC-22 水解率的影响

　　催化剂的焙烧时间为 4 h，升高焙烧温度，HCFC-22 水解率呈现先增加后减小的趋势。当焙烧温度为 400℃，催化水解温度为 100℃时，HCFC-22 达到最佳水解率(99.81%)，之后随着焙烧温度逐渐增大，水解率呈现下降趋势，焙烧温度在 425℃以上急剧下降。这可能是由于催化剂在焙烧过程中对温度有一个阈值，焙烧温度较低会导致催化剂制备过程中含有的杂质未除尽，杂质会覆盖在催化剂的表面；而焙烧温度较高会使催化剂发生烧结现象，使得催化剂内部组分的结构受到破坏，催化活性降低。

2）焙烧时间

焙烧温度为 400℃，焙烧时间分别为 3 h、3.5 h、4 h、4.5 h、5 h，考察了催化剂的焙烧时间对 HCFC-22 水解率的影响。实验结果如图 3.9 所示。

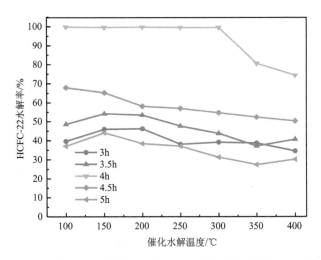

图 3.9 焙烧时间对 HCFC-22 水解率的影响

图 3.9 为不同焙烧时间下的 ZnO/ZrO₂ 催化剂对 HCFC-22 水解率的影响。从图中可以看出，随着焙烧时间逐渐增加，HCFC-22 水解率呈现先增加后减小的趋势，在焙烧时间为 4 h，催化水解温度为 100℃时达到最佳水解率（99.81%），之后焙烧时间逐渐增加，水解率呈下降趋势，4.5 h 之后急剧下降。这可能是因为焙烧的时间越长会使催化剂发生烧结，降低催化活性。

### 3.4.5 水解反应条件对 HCFC-22 水解率影响

1. 催化剂用量

ZnO/ZrO₂ 催化剂按 3.2.1 小节方法制备，用于催化水解 HCFC-22。$n$(ZnO)/$n$(ZrO₂)=0.7，柠檬酸浓度为 0.9 mol/L，沉淀环境的 pH 为 8；焙烧温度为 400℃，焙烧时间为 4 h。考察了催化剂用量对 HCFC-22 水解率的影响。催化剂的用量分别为 0.5 g、0.75 g、1.0 g、1.25 g、1.5 g。实验结果如图 3.10 所示。

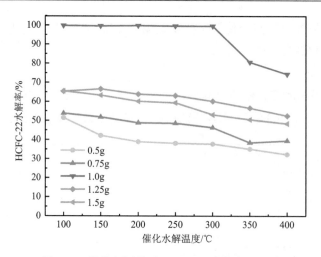

图 3.10　催化剂用量对 HCFC-22 水解率的影响

由图 3.10 可知，催化剂用量从 0.5 g 增加到 1.5 g 时，HCFC-22 的水解率先增加后减小。当催化剂的用量为 0.5 g 时，对 HCFC-22 的水解率较低，催化性能较差。这可能是因为催化剂用量很少，为反应提供较少的活性中心，并降低反应的活性。当催化剂用量不断增加至 1.0 g 时，HCFC-22 的催化水解率可以达到 99.81%，再继续加大催化剂的用量，HCFC-22 的水解率则呈下降趋势。这一变化的原因是催化剂的用量过多使其累积一定程度而发生沉降，降低催化剂的总比表面积，导致反应过程中催化剂与 HCFC-22 气体接触的有效面积减小，催化活性降低。

2. 总流速

ZnO/ZrO$_2$ 按 3.2.1 小节方法制备，用于催化水解 HCFC-22。$n$(ZnO)/$n$(ZrO$_2$)=0.7，柠檬酸浓度为 0.9 mol/L，pH 为 8，焙烧温度为 400℃，焙烧时间为 4 h，催化剂的用量为 1.0 g。探究了总流速对 HCFC-22 降解率的影响，实验结果如图 3.11 所示。

由图 3.11 可知，HCFC-22 水解率呈直线下降趋势。发生这一变化的原因是催化水解 HCFC-22 的反应过程中，催化反应为气固相反应，增大催化水解反应的流速时，HCFC-22 气体与催化剂的接触时间较短，反应不彻底，水解率下降。故 ZnO/ZrO$_2$ 催化剂催化水解 HCFC-22 的最佳总流速为 10 mL/min。

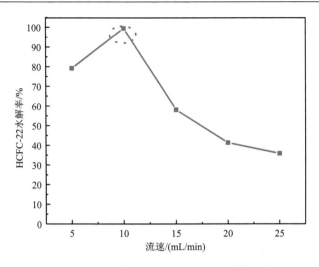

图 3.11　不同流速对 HCFC-22 水解率的影响

### 3. 催化水解温度

ZnO/ZrO$_2$ 按 3.2.1 小节方法制备，用于催化水解 HCFC-22。在催化反应过程中考察了催化水解温度对 HCFC-22 水解率的影响。实验结果如图 3.12 所示。

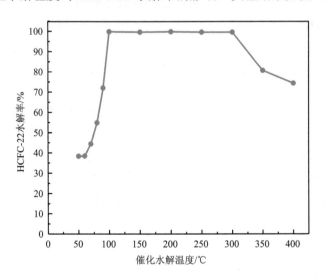

图 3.12　催化水解温度对 HCFC-22 的影响

由图 3.12 可以看出，随着催化水解温度由 50℃升高到 400℃，HCFC-22 的水解率呈现先上升再逐渐下降的趋势，催化水解温度在 100℃之前，HCFC-22 的水解率最大可达到 72.03%，未实现 HCFC-22 的高效降解；催化水解温度在 100～300℃，HCFC-22 的水解率保持稳定，可达到 99% 以上；催化水解温度高于 300℃之后，HCFC-22 的水解率逐渐降低。因此，在催化水解 HCFC-22 的实验过程中，最佳的催化水解温度为 100℃。

### 3.4.6　小结

(1) 在催化水解 HCFC-22 的反应过程中，对比了制备催化剂的两种方法。实验结果表明，利用柠檬酸络合法制备的催化剂，焙烧温度为 400℃，水解温度为 100℃条件下 HCFC-22 的水解率达到 99.81%；采用溶剂水热法制备的催化剂，焙烧温度为 500℃，水解温度为 100℃时，水解率仅为 75.65%。

(2) 利用 $ZrO_2$ 催化水解 HCFC-22，催化水解温度为 150℃时，HCFC-22 的水解率达到 66.16%；利用 ZnO 催化水解 HCFC-22，在催化水解温度为 250℃时，HCFC-22 的水解率为 50.09%。

(3) $ZnO/ZrO_2$ 催化水解 HCFC-22 的实验结果表明，催化水解温度为 100℃，催化剂用量为 1.0 g 时，HCFC-22 的水解率达到 99.81%。这说明经过复合后的催化剂的催化活性明显高于单一金属氧化物的催化活性。

(4) 以 HCFC-22 的水解率作为催化性能的评价指标，可以得出催化剂的制备条件和催化水解反应条件都对 HCFC-22 的水解率有一定影响。催化反应的最佳条件：ZnO 和 $ZrO_2$ 的摩尔比为 7∶10，焙烧温度为 400℃，焙烧时间为 4 h，催化剂用量为 1.0 g，催化水解温度为 100℃，流速为 10 mL/min。

## 3.5　$ZnO/ZrO_2$ 催化水解 CFC-12

CFC-12 比 HCFC-22 更稳定，在 3.4 节探究的基础上，本节对 CFC-12 气体进行了探究。考察了 $ZnO/ZrO_2$ 催化剂的制备方法、物质的量比、焙烧温度、催化剂用量和催化水解温度等因素对 CFC-12 催化水解效果的影响。在 3.4 节研究基础上，本节继续使用 $ZnO/ZrO_2$ 催化水解低浓度 CFC-12，重点研究了 $ZnO/ZrO_2$ 的催化性能和 CFC-12 的水解率。

### 3.5.1　ZnO 催化水解 CFC-12

按 3.2.1 小节方法制备 ZnO 催化剂，将其催化水解 CFC-12，实验结果如图 3.13 所示。随着反应的催化水解温度的升高，可以看出 CFC-12 的水解率呈现逐渐下降趋势，当温度为 100℃时，CFC-12 的水解率达到最大，仅为 45.31%。

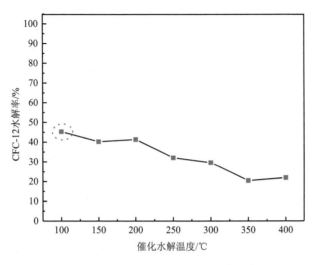

图 3.13　ZnO 对 CFC-12 水解率的影响

由此可知，单一金属氧化物 ZnO 在催化水解 CFC-12 的实验中，水解率不高，不能实现 CFC-12 的完全降解，导致尾气中仍存在大量的 CFC-12，对环境造成污染。本节研究的目的是无害化降解氟利昂，为了实现这一目的，对使用的催化剂的制备条件进行了优化。

## 3.5.2　ZrO$_2$ 催化水解 CFC-12

ZrO$_2$ 催化剂按 3.2.1 小节方法制备，用于催化水解 CFC-12，实验结果如图 3.14 所示。ZrO$_2$ 作为催化剂的载体，在催化水解 CFC-12 的实验中有一定的效果，随

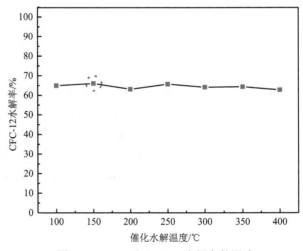

图 3.14　ZrO$_2$ 对 CFC-12 水解率的影响

着催化水解温度的升高，CFC-12 水解率呈现逐渐缓慢增大后减小的趋势，当催化水解温度为 150℃时，水解率仅为 66.05%。此结果引发思考，以 $ZrO_2$ 作为载体并在其基础上负载活性组分 ZnO，以此提高氟利昂 (CFC-12 和 HCFC-22) 的水解率，从而达到无害化处理氟利昂的目的。

### 3.5.3　$ZnO/ZrO_2$ 制备条件对 CFC-12 水解率影响

$ZnO/ZrO_2$ 复合催化剂分别按 3.2.1 节中柠檬酸络合法和溶剂水热法两种方法制备，将其催化水解 CFC-12，实验结果如图 3.15 所示。

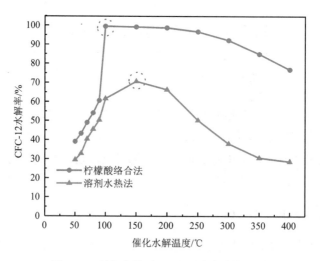

图 3.15　制备方法对 CFC-12 水解率的影响

在催化水解 CFC-12 的实验中，这两种方法都呈现一定的催化水解活性。当催化水解温度低于 100℃时，CFC-12 的水解率仅可达到 60.59%，未达到无害化处理 CFC-12 的目的。在催化水解温度为 150℃时，溶剂水热法制备催化剂的 CFC-12 水解率可以达到 70.63%；柠檬酸络合法制备的催化剂在催化水解温度为 100℃时，CFC-12 水解率可以达到 99.47%。对比两种方法对 CFC-12 的催化活性可知，柠檬酸络合法制备的催化剂在催化水解 CFC-12 的实验中具有更好的催化活性。因此，接下来的实验将围绕柠檬酸络合法制备的催化剂对 CFC-12 水解率的影响展开探究，将以催化水解温度为 100℃为起始温度对后续的实验进行探究。

1. 金属物质的量比

ZnO/ZrO₂ 催化剂按 3.2.1 小节方法制备，考察了 ZnO 和 ZrO₂ 的摩尔比对 ZnO/ZrO₂ 催化水解 CFC-12 的活性影响。ZnO 和 ZrO₂ 的摩尔比分别为 0.5、0.6、0.7、0.8、0.9、1.0。实验结果如图 3.16 所示。随着催化水解温度的升高，CFC-12 的水解率呈现逐渐下降的趋势。当 ZnO 和 ZrO₂ 的摩尔比由 0.5 增加到 1.0 时，CFC-12 的水解率先增大后减小。当催化水解温度为 $100℃$，$n(ZnO)/n(ZrO_2)=0.7$ 时，CFC-12 的水解率为 99.47%；当 ZnO 与 ZrO₂ 的摩尔比高于或低于 0.7 时，CFC-12 水解率均降低。由此可知，催化水解温度和金属的摩尔比在催化水解 CFC-12 的过程中有较大影响。

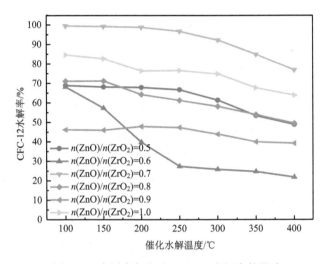

图 3.16　金属摩尔比对 CFC-12 水解率的影响

2. 柠檬酸浓度

ZnO/ZrO₂ 按 3.2.1 小节方法制备，将其催化水解 CFC-12。考察了柠檬酸浓度对 CFC-12 水解率的影响。$n(ZnO)/n(ZrO_2)=0.7$，柠檬酸的浓度分别为 0.8 mol/L、0.9 mol/L、1.0 mol/L、1.1 mol/L。将柠檬酸记作 CA，以上催化剂分别记为 CA-0.8、CA-0.9、CA-1.0、CA-1.1。实验结果如图 3.17 所示。

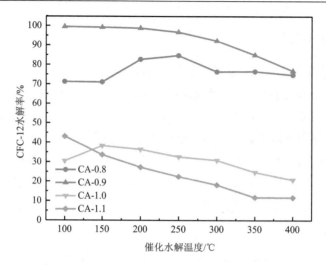

图 3.17　柠檬酸浓度对 CFC-12 水解率的影响

如图 3.17 所示，随着柠檬酸浓度的增加，CFC-12 的水解率总体上呈现逐渐减小的趋势。当柠檬酸的浓度低于 0.9 mol/L 时，CFC-12 的水解率在催化水解温度为 250℃时仅可达到 84.63%。在该制备条件下催化剂的水解温度较高且 CFC-12 未达到高效降解，未降解的 CFC-12 会对环境造成污染。当柠檬酸的浓度为 0.9 mol/L，催化水解温度为 100℃时，达到本实验的最佳水解率(99.47%)。在该制备条件下催化剂的水解温度接近水蒸气的温度，可以降低催化剂的制作成本且 CFC-12 可以达到高效降解。当柠檬酸的浓度高于 0.9 mol/L 时，CFC-12 的水解率均呈现下降的趋势，主要原因是柠檬酸的浓度较高会导致催化剂不够均匀，在焙烧过程中会放出更多的热量导致催化剂烧结，从而降低催化活性。

3. 沉淀环境 pH

ZnO/ZrO$_2$ 复合催化剂按 3.2.1 小节方法制备，将其催化水解 CFC-12。柠檬酸的浓度为 0.9 mol/L，pH 分别为 4、6、8、10。考察了沉淀环境 pH 对 CFC-12 水解率的影响，实验结果如图 3.18 所示。

如图 3.18 所示，随着沉淀环境的 pH 由 4 增加到 10，CFC-12 的水解率呈现逐渐减小的趋势。当 pH 低于 8 时，羧基和金属离子未完全配位，CFC-12 的水解率仅可达到 52.97%；pH 增加到 8，羧基和金属离子完全配位，在催化水解温度为 100℃时，CFC-12 的水解率达到本实验最佳值(99.47%)；当 pH 高于 8 时，催化剂中不存在游离的羧基，改变了金属间的配位形式及催化剂的比表面积，CFC-12 的水解率仅可达到 45.74%。由此可知，沉淀环境的 pH 为 8 时，在催化水解 CFC-12 的反应过程中催化性能较好。

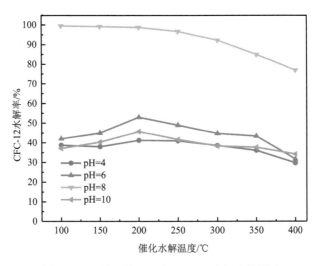

图 3.18　沉淀环境 pH 对 CFC-12 水解率的影响

### 4. 焙烧温度与时间

#### 1）焙烧温度

按 3.2.1 小节方法制备 ZnO/ZrO₂ 复合催化剂，将其催化水解 CFC-12。$n(\text{ZnO})/n(\text{ZrO}_2)=0.7$，柠檬酸的浓度为 0.9 mol/L，pH 为 8，焙烧温度分别为 350℃、375℃、400℃、425℃、450℃，焙烧时间为 4 h。考察了催化剂的焙烧温度对催化水解 CFC-12 的影响，实验结果如图 3.19 所示。随着焙烧温度由 350℃逐渐升高到 450℃，CFC-12 的水解率呈现先增加后减小的趋势。当焙烧温度升高至 400℃时达到最佳水解率（99.47%），之后焙烧温度逐渐升高，CFC-12 水解率呈现下降趋势，在焙烧温度为 425℃之后急剧下降。原因可能是过高或过低的焙烧温度都不利于催化剂参与反应。

#### 2）焙烧时间

ZnO/ZrO₂ 复合催化剂按 3.2.1 小节方法制备，将其催化水解 CFC-12。$n(\text{ZnO})/n(\text{ZrO}_2)=0.7$，柠檬酸的浓度为 0.9 mol/L，沉淀环境的 pH 为 8，焙烧温度为 400℃，焙烧时间分别为 3 h、3.5 h、4 h、4.5 h、5 h。考察了催化剂的焙烧时间对 CFC-12 水解率的影响，实验结果如图 3.20 所示。随着焙烧时间逐渐增加，CFC-12 的水解率呈现先增加后减小的趋势。在焙烧时间为 4 h 时，CFC-12 达到最佳水解率（99.47%），之后焙烧时间逐渐增加，水解率呈下降趋势，4.5 h 之后急剧下降。这可能是由于焙烧时间过长会导致催化剂烧结，使催化活性降低。

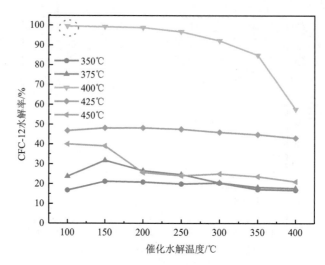

图 3.19　焙烧温度对 CFC-12 水解率的影响

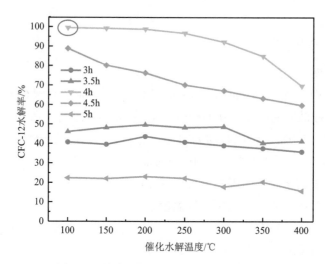

图 3.20　焙烧时间对 CFC-12 水解率的影响

### 3.5.4　水解反应条件对 CFC-12 水解率影响

1. 总流速

按 3.2.1 小节制备 ZnO/ZrO$_2$，催化水解 CFC-12。$n(\text{ZnO})/n(\text{ZrO}_2)=0.7$，柠檬酸的浓度为 0.9 mol/L，沉淀环境 pH 为 8，焙烧温度为 400℃，焙烧时间为 4 h，

催化剂的用量为 1.0 g。探究总流速对 CFC-12 水解率的影响,结果如图 3.21 所示。

随着反应的总流速由 5 mL/min 增加至 25 mL/min,CFC-12 的水解率先增加后减小。当反应的总流速增加至 10 mL/min 时,CFC-12 的水解率为 92.23%,之后再增加流速至 25 mL/min,CFC-12 的水解率呈现逐渐降低的趋势。发生此现象的原因可能是增大流速,减少了气体与催化剂的接触时间,降低了催化剂的活性。

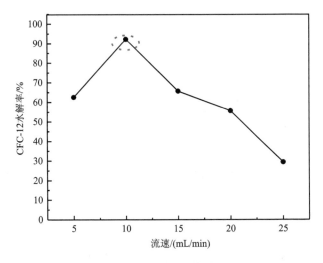

图 3.21　流速对 CFC-12 水解率的影响

### 2. 催化剂用量

ZnO/ZrO₂ 复合催化剂按 3.2.1 小节方法制备,将其催化水解 CFC-12。$n(\text{ZnO})/n(\text{ZrO}_2)=0.7$,柠檬酸的浓度为 0.9 mol/L,沉淀环境的 pH 为 8,焙烧温度为 400℃,焙烧时间为 4 h。考察了催化剂用量对 CFC-12 水解率的影响。催化剂用量分别为 0.5g、0.75g、1.0g、1.25g、1.5g。实验结果如图 3.22 所示。

催化剂用量从 0.5 g 增加到 1.5 g 的过程中,CFC-12 的水解率呈现逐渐下降的趋势。随着催化水解温度由 100℃ 增加到 400℃ 时,CFC-12 的水解率也呈现逐渐下降的趋势。催化剂用量由 0.5 g 增加到 1.0 g 的过程中,由于催化剂的用量太少,ZnO/ZrO₂ 复合催化剂的催化活性没有达到理想的效果。这可能是因为催化剂用量少,提供的反应活性位点较少,导致催化活性降低或未能进行反应。当催化剂用量为 1.0 g 时,CFC-12 的水解率达到 99.47%。在催化剂用量由 1.0 g 增加到 1.5 g 的过程中,发现 CFC-12 的水解率呈急剧下降趋势。这主要是因为催化剂用量过多时会导致催化剂发生聚集而沉降下来,减少了气体和催化剂的有效接触面积和接触时间，从而导致催化剂的活性降低。

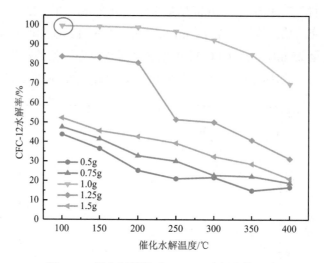

图 3.22  催化剂用量对 CFC-12 水解率的影响

### 3. 催化水解温度

ZnO/ZrO$_2$ 按 3.2.1 小节方法制备，用于催化水解 CFC-12。在催化反应过程中考察了催化水解温度对 CFC-12 水解率的影响，实验结果如图 3.23 所示。

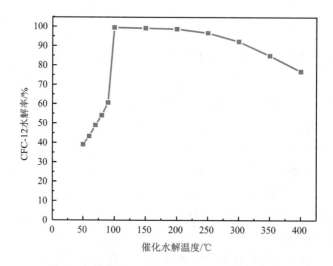

图 3.23  催化水解温度对 CFC-12 水解率的影响

由图 3.23 可知，随着催化水解温度升高，CFC-12 的水解率呈现先升高后降低的趋势。当催化水解温度低于 100℃时，CFC-12 的水解率最高仅可达到 60.59%，未能达到高效降解，还残留的 CFC-12 会对环境造成污染。催化水解温度在 100～250℃范围内，CFC-12 的水解率可达到 99%，特别是在催化水解温度为 100℃时，CFC-12 的水解率达到最大(99.47%)，几乎可以完全降解。当催化水解温度高于 250℃时，CFC-12 的水解率逐渐降低至 76.79%。由以上可知，在催化水解 CFC-12 的反应过程中，最佳的催化水解温度为 100℃，此时的温度接近水蒸气的温度，可以减小反应的成本。

### 3.5.5　产物分析

1.　SEM 分析

ZnO/ZrO$_2$ 复合催化剂按 3.2.1 小节方法制备，将其催化水解 CFC-12。$n(\text{ZnO})/n(\text{ZrO}_2)=0.7$，柠檬酸的浓度为 0.9 mol/L，沉淀环境的 pH 为 8，焙烧温度为 400℃，焙烧时间为 4 h。将制备出的催化剂进行 SEM 分析，结果如图 3.24 所示。

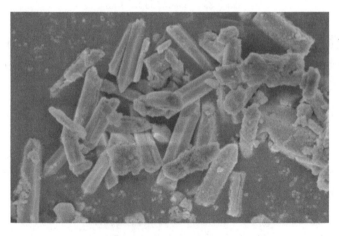

图 3.24　产物的 SEM 图

由图 3.24 可以看出，制备的 ZnO/ZrO$_2$ 复合催化剂呈现多面体的棒状结构，反应后在催化剂的表面上会覆盖着些许细小的颗粒物，可能是催化剂在反应后筛分不彻底导致的，覆盖着的细小的颗粒物可能是 SiO$_2$ 颗粒。

2. EDS 分析

ZnO/ZrO$_2$ 复合催化剂按 3.2.1 小节方法制备，将其催化水解 CFC-12。$n(\text{ZnO})/$

$n(\mathrm{ZrO_2})=0.7$，柠檬酸的浓度为 0.9 mol/L，沉淀环境的 pH 为 8，焙烧温度为 400℃，焙烧时间为 4 h。制备出的催化剂进行 EDS 分析，结果如图 3.25 所示。

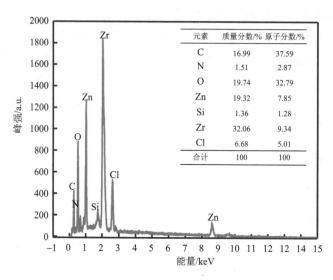

| 元素 | 质量分数/% | 原子分数/% |
|---|---|---|
| C | 16.99 | 37.59 |
| N | 1.51 | 2.87 |
| O | 19.74 | 32.79 |
| Zn | 19.32 | 7.85 |
| Si | 1.36 | 1.28 |
| Zr | 32.06 | 9.34 |
| Cl | 6.68 | 5.01 |
| 合计 | 100 | 100 |

图 3.25　反应后的 EDS 图

从图中可以看出，产物中含有 C、N、O、Zn、Zr、Si、Cl 元素。Si 元素的存在可能是在分离催化剂的过程中，筛分不均匀导致反应后的催化剂中含有填充剂 SiO₂。Cl 元素的出现说明气体与催化剂在反应后生成的产物为 HCl，反应进行得较完全，无其他副产物产生。

3. 小结

(1)利用柠檬酸络合法和溶剂水热法两种方法制备 ZnO/ZrO₂ 催化剂，催化水解 CFC-12 的实验结果表明，采用溶剂水热法制备的催化剂，催化水解温度为 150℃时，CFC-12 的水解率仅达到 70.63%；采用柠檬酸络合法制备的催化剂，催化水解温度为 100℃时，CFC-12 的水解率为 99.47%。

(2)使用单一金属氧化物 ZnO 催化水解 CFC-12，催化水解温度为 100℃时，CFC-12 的水解率为 45.31%；使用单一金属氧化物 ZrO₂ 催化水解 CFC-12，催化水解温度为 150℃时，其水解率为 66.05%。

(3)使用 ZnO/ZrO₂ 催化水解 CFC-12，在催化水解温度为 100℃，催化剂用量为 1.0 g 时水解率达到 99.47%。这表明复合后的催化剂的催化活性比单一金属氧化物的活性高。

(4) 催化剂的制备条件和水解条件对 CFC-12 的水解率有明显影响，以

CFC-12 的水解率作为评价标准，可得出制备催化剂的优化条件为：采用柠檬酸络合法，ZnO 和 ZrO$_2$ 的摩尔比为 0.7，焙烧温度为 400℃，焙烧时间为 4 h，用量为 1.0 g，催化水解温度为 100℃。在此优化条件下对 CFC-12 进行催化水解，得出 CFC-12 的水解率达到 99.47%。

## 3.6　催化剂表征

　　本节在前两节实验的基础上，对 ZnO/ZrO$_2$、Al$_2$O$_3$/ZrO$_2$ 两种催化剂催化水解 HCFC-22 和 CFC-12 的效果进行对比，并利用多种表征手段对 ZnO/ZrO$_2$ 复合催化剂的晶体结构、表面形貌、表面积、催化剂的酸碱性、热稳定性等方面进行分析，同时将催化剂的性能测试与 HCFC-22 和 CFC-12 的催化水解实验相结合。

### 3.6.1　X 射线衍射分析

　　对单一金属氧化物 ZnO 和 ZrO$_2$ 以及不同物质的量比的 ZnO/ZrO$_2$ 催化剂进行 XRD 分析，结果如图 3.26 所示。由图 3.26(a)可以看出，用柠檬酸络合法制备的四方相 ZrO$_2$ 的特征信号值出现在 $2\theta$ 为 30.3°、50.7°、59.6°、60.2°等处；单一金属氧化物 ZnO 的特征信号值出现在 $2\theta$ 为 30.2°、35.2°、50.3°、56.5°等处，表明 ZnO 以六方相的晶态存在。

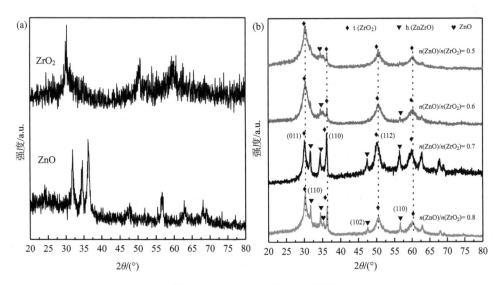

图 3.26　ZnO/ZrO$_2$ 的 XRD 图谱

(a) ZnO 和 ZrO$_2$；(b) 不同物质的量比的 ZnO/ZrO$_2$

由图 3.26(b) 可以看出，$ZrO_2$ 四方晶型的特征信号值出现在 $2\theta$ 为 30.2°、35.2°、50.3°等处，与标准卡片 JCPDS 编号 80-0784 相对应[137]。比对标准卡片库，发现在 $2\theta$ 为 31.8°、34.4°、36.3°、47.5°和 56.6°等处出现 ZnZrO 相的特征信号值。随着 ZnO 含量的增加，特征信号值的强度变强，出现尖锐的峰形，峰宽缩小，说明催化剂中细小晶粒逐渐长大，晶型变完整。当 ZnO 与 $ZrO_2$ 物质的量比为 0.5 和 0.6 时，催化剂的晶型未形成，晶粒趋于长大。ZnO 与 $ZrO_2$ 的物质的量比为 0.5 时，在 $2\theta$=30.1°处出现了单斜相(m-$ZrO_2$)的衍射峰，其与四方相(t-$ZrO_2$)衍射峰的位置有着小幅度的偏移。由 Jade 6.0 分析可知，ZnO 与 $ZrO_2$ 物质的量比为 0.6 和 0.7 的催化剂的(101)晶面的出峰角度分别为 30.258° 和 30.348°，而纯 t-$ZrO_2$(101)晶面是在 $2\theta$=30.2°处。由此可知，催化剂的峰位向更高的方向移动，原因是 $Zr^{4+}$ 的半径(0.082 nm)大于 $Zn^{2+}$ 的半径(0.074 nm)[138]，在 $ZrO_2$ 晶体中 $Zr^{4+}$ 被 $Zn^{2+}$ 所代替，从而引起了 $ZrO_2$ 晶体畸变。当 ZnO 与 $ZrO_2$ 物质的量比为 0.8 时，ZnO 的特征信号值较少，这是由于 Zn 的浓度高使得部分 $Zn^{2+}$ 已经进入 $ZrO_2$ 的晶格，而部分则覆盖在 $ZrO_2$ 表面。当 ZnO 与 $ZrO_2$ 物质的量比为 0.7 时，还未出现 ZnO 的特征信号值，表示 $Zn^{2+}$ 已经进入了 $ZrO_2$ 的晶格中，而覆盖在 $ZrO_2$ 表面少量的 $Zn^{2+}$ 则会以非晶态的形态出现，$ZnO-ZrO_2$ 催化剂处于固溶体状态，Zn 融入 $ZrO_2$ 晶格矩阵的结果[139]。

对焙烧温度分别为 350℃、375℃、400℃、425℃和 450℃，焙烧时间为 4 h 的 $ZnO-ZrO_2$ 进行 XRD 表征，结果如图 3.27 所示。

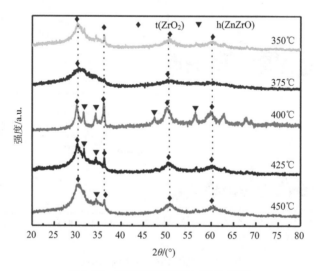

图 3.27　不同焙烧温度的 XRD 图谱

从图 3.27 中可知，ZnO/ZrO₂ 催化剂的主要存在形式为六方相，未发现 ZnO 晶相的特征信号值，表明在如图 3.27 所示的温度区域内 ZnO 高度分散到了 ZrO₂ 表面或嵌入到 ZrO₂ 的孔道中，从而产生了 ZnO/ZrO₂ 固溶体[140]。当焙烧温度由 350℃提高到 450℃，特征信号值的强度提高，峰宽缩小，峰形也逐渐变得更尖锐，表明晶粒和晶型的完整性会影响催化剂的特征信号值。将晶型的完整性和催化活性的实验结果相结合，可发现催化剂的晶态完整性，对应的催化活性也较高。当焙烧温度达到 400℃时，通过对照标准卡片库发现有 ZnZrO 相生成，表明 ZnO 和 ZrO₂ 之间是利用 Zn—Zr—O 键来相连。

### 3.6.2　扫描电子显微镜表征

按 3.2.1 小节方法制备 ZnO/ZrO₂，用 SEM 表征单一金属氧化物 ZnO 和 ZrO₂ 及反应前后 ZnO/ZrO₂，结果如图 3.28 所示。由图 3.28(a) 和 (e) 可知，不同放大倍数下的单一金属氧化物 ZnO 的形貌呈现细小颗粒状。从图 3.28(b) 和 (f) 可知，不同放大倍数下的 ZrO₂ 呈现疏松多孔形貌，这一特殊形貌有利于活性组分 ZnO 的负载。从图 3.28(c) 和 (g) 可以看出，催化剂在反应前的形状呈现六面体棒状分布，符合 XRD 的表征。ZnO/ZrO₂ 催化剂这种独特的结构使其暴露出更多容易接触的表面，有利于 HCFC-22 和 CFC-12 的降解。从图 3.28(d) 和 (h) 可知，ZnO/ZrO₂ 催化剂对 HCFC-22 和 CFC-12 的催化水解反应后，形貌结构保持原状，在反应后的催化剂表面发现了一些细小的二氧化硅颗粒，可能是因为实验中引入了二氧化硅作为填料，填料在催化剂回收过程中筛分不均匀造成的，这与 EDS 表征结果一致。结合第 4、5 章的催化实验结果可知，ZnO/ZrO₂ 催化剂的催化性能较好。

图 3.28　ZnO、ZrO₂ 和 ZnO/ZrO₂ 的 SEM 图

(a)、(e) ZnO 的形貌；(b)、(f) ZrO₂ 的形貌；(c)、(g) 反应前的 ZnO/ZrO₂；(d)、(h) 反应后的 ZnO/ZrO₂

### 3.6.3　EDS 分析

ZnO/ZrO$_2$ 复合催化剂按 3.2.1 节方法制备，对反应前后的催化剂进行 EDS 分析，结果如图 3.29 所示。由反应前后的 ZnO/ZrO$_2$ 复合催化剂的 EDS 测试结果可知，ZnO/ZrO$_2$ 复合催化剂在反应前［图 3.29（a）］主要包含 6 种元素：碳(C)、氮(N)、氧(O)、锆(Zr)、锌(Zn)、金(Au)。测试过程中导电胶引入了碳元素，喷金残留金元素，除此之外，未出现其他元素，表明合成的催化剂纯度较高。从催化剂在反应后的图 3.29(b) 中可以看出，反应后除了出现碳、氧、锆、锌这四种元素外，出现了氟(F)元素，这是由于催化剂被氟化了。此外，还发现了硅(Si)元素，这是由于作为填料的二氧化硅在回收过程中用筛子分离不完全引入的。金元素的缺失是源于对反应后的 ZnO/ZrO$_2$ 催化剂未进行喷金处理。以上结果进一步证明了柠檬酸络合法合成的 ZnO/ZrO$_2$ 复合催化剂不含杂质，纯度高。

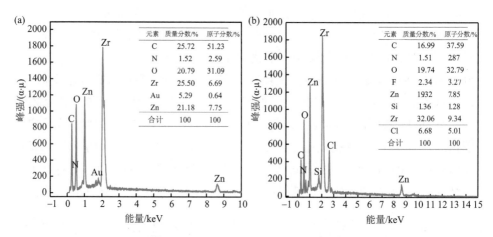

图 3.29　ZnO/ZrO$_2$ 反应前后的 EDS 图

(a)反应前；(b)反应后

### 3.6.4　N$_2$ 等温吸附-脱附

对单一金属氧化物 ZnO、ZrO$_2$ 和 ZnO/ZrO$_2$ 复合催化剂进行 N$_2$ 等温吸附-脱附分析，焙烧温度均为 400℃，焙烧时间为 4 h，分析结果如图 3.30 所示。由 IUPAC 分类可知，ZnO、ZrO$_2$ 和 ZnO-ZrO$_2$ 催化剂的 N$_2$ 吸附-脱附等温线均为Ⅳ型。ZnO 催化剂的吸附量在 $P/P_0$ 大于 0.7 时，呈现快速增加的趋势，这是因为在中高压条件下 ZnO 中细小颗粒堆积堵塞了孔径。当相对压力 $P/P_0$ 为 0.4~1.0 时，ZrO$_2$ 和 ZnO/ZrO$_2$ 催化剂的吸附量逐渐增加且脱附曲线在吸附曲线之上，导致出现 H2 型滞后环现象。如图 3.30(b)所示，ZnO、ZrO₂ 和 ZnO/ZrO₂ 催化剂的孔径分别为 8 nm、5 nm 和 4 nm，表明催化剂中存在介孔结构，微孔和大孔的含量较少[141-144]。

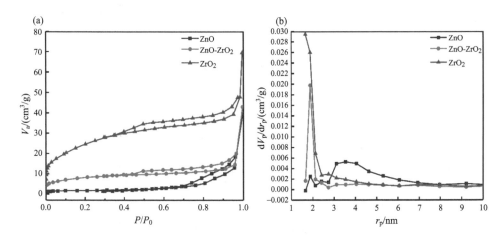

图 3.30　ZnO、ZrO₂ 和 ZnO/ZrO₂ 催化剂的 N₂ 物理吸附(a)和孔径分布图(b)

如表 3.3 所示，计算得到 ZnO、ZrO₂ 和 ZnO/ZrO₂ 的比表面积分别为 62.30 m²/g、50.41 m²/g 和 110.37m²/g，表明 ZnO/ZrO₂ 催化剂的比表面积高于 ZnO 和 ZrO₂，催化剂比表面积大的催化活性高。计算得到催化剂的孔体积分别为 0.08 cm³/g、0.03 cm³/g 和 0.08 cm³/g。

表 3.3　ZnO、ZrO₂ 和 ZnO/ZrO₂ 催化剂的物化性质汇总

| 催化剂 | 比表面积/(m²/g) | 孔体积/(cm³/g) | 平均孔径/nm |
|---|---|---|---|
| ZnO | 62.30 | 0.08 | 1.76 |
| ZrO₂ | 50.41 | 0.03 | 1.81 |
| ZnO-ZrO₂ | 110.37 | 0.08 | 1.88 |

对不同摩尔比的 ZnO/ZrO₂ 进行 N₂ 等温吸附-脱附分析，结果如图 3.31 所示。由 IUPAC 分类可知，不同摩尔比的 ZnO/ZrO₂ 催化剂吸附-脱附等温线均为不重叠的Ⅳ型，并出现吸附迟滞现象。在多孔吸附质存在情况下，H2 型滞后环产生，表明小颗粒主要是介孔的。在相对压力较低时，氮气与催化剂发生了强相互作用，导致吸附-脱附等温线向 x 轴靠近。多层吸附在中压分区逐渐形成，吸附量也在逐渐增加，吸附上升至高压区时，细小的颗粒逐渐堆积在孔的周围。摩尔比为 0.6 的催化剂在相对压力接近 0.5，摩尔比为 0.7 的催化剂在相对压力接近 0.5，摩尔比为 0.8 的催化剂在相对压力接近 0.4 时，等温线的变化斜率可以达到最大，表明

催化剂具有较好的均匀分散性。

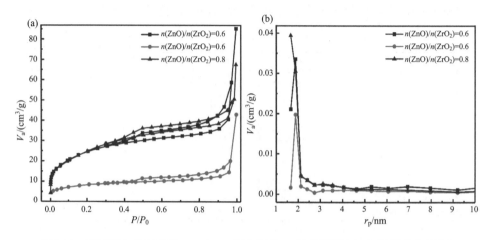

图 3.31　不同摩尔比制备的 ZnO/ZrO$_2$ 催化剂的 N$_2$ 物理吸附(a) 和孔径分布图(b)

不同摩尔比的催化剂的物化性质汇总在表 3.4 所示。摩尔比为 0.6 和 0.8 的催化剂比表面积相差不大，而摩尔比为 0.7 的催化剂的比表面积达到最大，催化活性也较好。结合催化剂的催化水解实验可知，催化剂的比表面积大有利于 CFC-12 和 HCFC-22 的催化水解反应。

表 3.4　不同摩尔比的 ZnO/ZrO$_2$ 的物化性质汇总

| 摩尔比 | 比表面积/(m$^2$/g) | 孔体积/(cm$^3$/g) | 平均孔径/nm |
|---|---|---|---|
| 0.6 | 89.81 | 0.09 | 1.88 |
| 0.7 | 110.37 | 0.08 | 1.88 |
| 0.8 | 89.07 | 0.06 | 1.66 |

对焙烧温度分别为 350℃、400℃、450℃，焙烧时间为 4 h 的 ZnO/ZrO$_2$ 复合催化剂进行 N$_2$ 等温吸附-脱附分析，结果如图 3.32 所示。由 IUPAC 分类可知，在三种不同焙烧温度下得到的催化剂的吸附-脱附等温线均为 IV 型，存在迟滞现象。由图 3.32(b)可知，催化剂均为介孔结构，450℃焙烧的催化剂的介孔较少。三种催化剂在低压分区存在较强的相互作用力，导致吸附-脱附等温线偏离 $y$ 轴。在中压分区，吸附量逐渐增多；当相对压力接近 1.0 时，有较多细小的颗粒堆积在孔上。350℃焙烧的催化剂在相对压力为 0.5 时等温线斜率达到最大，400℃焙烧的催化剂的等温线最大斜率出现在相对压力为 0.8 时，450℃焙烧的催化剂的等温线在相对压力为 0.5 时斜率最大，这部分等温线的斜率最大说明催化剂有较好

的均匀性。结合催化水解 HCFC-22 和 CFC-12 的实验可知，400℃ 焙烧的催化剂的催化活性最好。

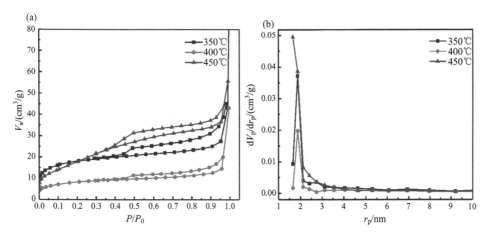

图 3.32　不同焙烧温度的 ZnO/ZrO₂ 复合催化剂的 N₂ 物理吸附(a)和孔径分布图(b)

不同焙烧温度的 ZnO/ZrO₂ 复合催化剂孔结构的参数如表 3.5 所示。由表可知，350℃ 和 450℃ 焙烧的催化剂的比表面积相差不大，400℃ 焙烧的催化剂的比表面积较大。较大的比表面积有利于催化水解 HCFC-22 和 CFC-12。

表 3.5　不同焙烧温度的 ZnO/ZrO₂ 的物化性质汇总

| 焙烧温度/℃ | 比表面积/(m²/g) | 孔体积/(cm³/g) | 平均孔径/nm |
|---|---|---|---|
| 350 | 64.82 | 0.09 | 1.88 |
| 400 | 110.37 | 0.08 | 1.88 |
| 450 | 69.88 | 0.06 | 1.66 |

### 3.6.5　CO₂-TPD 和 NH₃-TPD 表征

在催化水解 CFC-12 和 HCFC-22 的反应过程中，催化剂的酸碱性对催化性能有着重要影响[145]。催化剂的酸碱性可以利用 CO₂-TPD 和 NH₃-TPD 检测出。图 3.33 为不同物质的量比制备的催化剂的 CO₂-TPD 和 NH₃-TPD。ZnO 和 ZrO₂ 的摩尔比分别为 0.6、0.7、0.8、0.9，焙烧温度为 400℃，焙烧时间为 4 h。

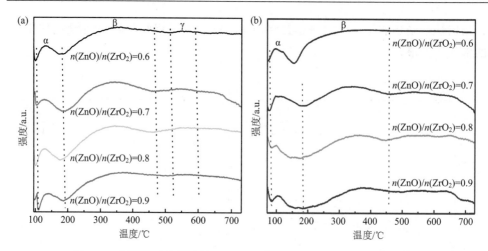

图 3.33　不同物质的量比的 $ZnO/ZrO_2$ 的 $CO_2$-TPD（a）和 $NH_3$-TPD（b）

催化剂的碱性由 $CO_2$-TPD 测得，如图 3.33（a）所示。催化剂的弱碱性位、中强碱性位、强碱性位可以由 $CO_2$ 的脱附峰确定[146]。不同摩尔比的催化剂在 105～195℃出现 $CO_2$ 的第一个脱附峰 α 峰，对应于 $CO_2$ 的弱吸附；在 200～480℃出现 β 峰，归属于 $CO_2$ 的中强碱性吸附峰；在 530～600℃有弱小的 γ 峰出现，对应于 $CO_2$ 的强碱性吸附峰。摩尔比为 0.7 的催化剂在弱中强碱性范围内的 $CO_2$ 脱附峰的面积大于其他催化剂，说明 $ZnO/ZrO_2$ 在催化水解反应过程中以中强碱性为主。另外三种催化剂的 $CO_2$ 的脱附峰面积基本一致。这说明随着摩尔比的增大，对催化剂的吸附活化 $CO_2$ 的能力未受明显影响。图 3.33（b）为催化剂的酸性分析结果。四种不同摩尔比的催化剂的解析曲线大致相同，$NH_3$ 脱附温度区间可分为两个阶段：80～185℃、200～460℃，分别对应弱酸性位、中强酸性位的脱附峰。物质的量比为 0.7 的催化剂在弱中强酸性范围内的 $NH_3$ 脱附峰的面积大于其他催化剂。结合催化水解 HCFC-22 和 CFC-12 的实验来看，物质的量比为 0.7 的催化剂对 HCFC-22 和 CFC-12 有较好的催化活性，$ZnO/ZrO_2$ 催化剂以中强酸性为主。对比图 3.33（a）和（b）可以看出，$ZnO/ZrO_2$ 催化剂在低温下以中强酸性、中强碱性为主，$ZnO/ZrO_2$ 催化剂在催化水解 CFC-12 和 HCFC-22 的反应过程中表现出两性。

用 $CO_2$-TPD 和 $NH_3$-TPD 对焙烧温度分别为 350℃、400℃、450℃，焙烧时间为 4 h 的 $ZnO/ZrO_2$ 催化剂进行表征，结果如图 3.34 所示。

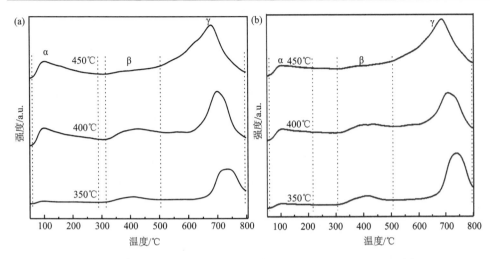

图 3.34　不同焙烧温度的 ZnO/ZrO₂ 的 CO₂-TPD(a)和 NH₃-TPD(b)

不同焙烧温度制备的 ZnO/ZrO₂ 复合催化剂的 CO₂-TPD 和 NH₃-TPD 吸附和解吸曲线如图 3.34 所示。从图 3.34(a)中可以看出,不同焙烧温度制备的催化剂的 CO₂ 脱附峰可分为 3 种、α 峰、β 峰和 γ 峰。α 峰对应的温度区间为 75～285℃,归属于弱碱性峰;β 峰对应的温度区间为 315～505℃,归属于中强碱性峰;γ 峰对应的温度区间为 550～800℃,归属于强碱性峰。400℃焙烧的催化剂的峰面积大于其他焙烧温度制备的催化剂,对应的碱性含量高于其他催化剂;在 450℃焙烧的催化剂的 γ 峰的面积较大,说明高温焙烧可以增加 ZnO/ZrO₂ 催化剂表面强碱性位相对含量。综合催化剂的碱性位相对含量可知,400℃焙烧的催化剂的碱性位相对含量明显高于其他焙烧温度的催化剂。结合催化水解 CFC-12 和 HCFC-22 的实验可知,400℃焙烧的催化剂的催化性能比 350℃和 450℃焙烧的催化剂高,说明催化剂的碱性含量越高越有利于催化水解反应。不同焙烧温度制备的催化剂的酸性分析如图 3.34(b)所示。NH₃-TPD 的酸性脱附峰分为 3 种,α 峰对应的温度区间为 60～210℃,归属于弱酸性峰;β 峰对应的温度区间为 305～525℃,归属于中强酸性峰;γ 峰对应的温度区间为 520～800℃,归属于强酸性峰。由 origin 积分面积可知,400℃焙烧的催化剂的酸性含量明显高于其他焙烧温度的催化剂。由此可知,焙烧温度对催化剂的酸碱性有明显影响。

### 3.6.6　热重分析

为了了解催化剂的热稳定性,选取催化性能较好的 ZnO/ZrO₂ 催化剂及单一金属氧化物 ZnO 和 ZrO₂ 进行热重-微商热重(TG-DTG)分析,结果如图 3.35 所示。

由图 3.35(a)可以看出，单一金属氧化物 ZnO 在 100℃有明显的失重，失重速率为 0.53%/min，失重量大约为 5.92%，对应为物理吸附水的挥发；图 3.35 (b) 为单一金属氧化物 ZrO$_2$ 的失重曲线，在 100℃有明显的失重，失重速率为 0.50%/min，失重量大约为 4.91%，对应为物理吸附水的气化过程。由图 3.35 (c) 可知，ZnO/ZrO$_2$ 的失重可分为三个阶段，在 200℃之前缓慢失重，失重量大约为 5.10%，对应为物理吸附水的气化及凝胶的脱水反应过程，在这个阶段，失重速率为 0.42%/min；200～600℃为碱式硝酸盐的失重；650～750℃有较为明显的失重，可能表示复合氧化物中固溶体的形成过程，归属于柠檬酸根的裂解与氧化燃烧[147]，在这个阶段失重了 2.58%，失重速率为 0.59%/min。在 100～800℃ ZnO/ZrO$_2$ 复合催化剂的残余质量为 88.56%，这也表明在 100～800℃没有明显的热效应，复合催化剂的质量几乎没有变化，热稳定性较好。

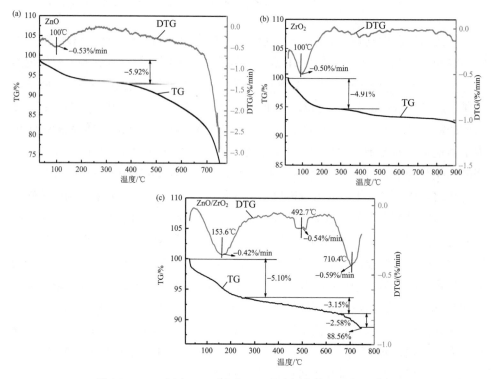

图 3.35　ZnO (a)、ZrO$_2$ (b) 和 ZnO/ZrO$_2$ (c) 的 TG-DTG 表征

### 3.6.7　X 射线光电子能谱分析

选取催化性能较好的 ZnO/ZrO$_2$ 催化剂进行 XPS 分析。催化剂的制备条件：

$n(\text{ZnO})/n(\text{ZrO}_2)=0.7$，柠檬酸的浓度为 0.9 mol/L，焙烧温度为 400℃，焙烧时间为 4 h。结果如图 3.36 所示。

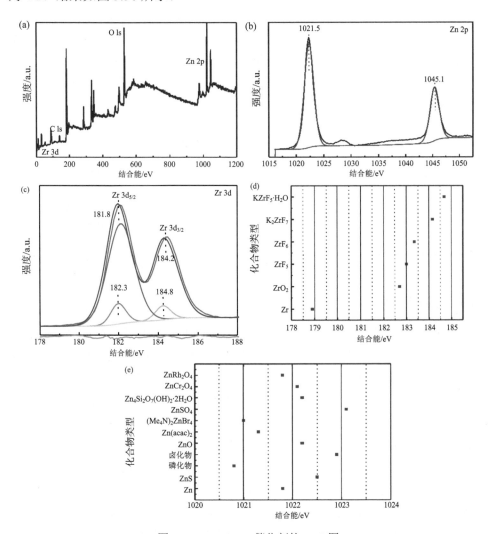

图 3.36　ZnO/ZrO₂ 催化剂的 XPS 图

图 3.36 显示了 ZnO/ZrO₂ 催化剂的 XPS，拟合催化剂的峰面积。图 3.36（a）为 ZnO/ZrO₂ 的全谱图，说明了 ZnO/ZrO₂ 中含有 Zn、Zr、O、C 元素，C 元素的引入是由导电胶导致的。图 3.36（b）为 ZnO/ZrO₂ 的 Zn 元素在 2p 轨道上的谱图，在结合能 1021.5 eV、1045.1 eV 处分别对应 Zn 2p₃/₂ 和 Zn 2p₁/₂ 的两个特征峰。经过拟合后 Zn 2p 轨道的峰是以两个独立的峰存在，查阅 X 射线光电子能谱手册，

证明 ZnO/ZrO$_2$ 中 Zn 元素以 Zn$^{2+}$ 形式存在[148]，归属于 ZnO 的衍射峰。图 3.36（c）为 ZnO/ZrO$_2$ 的 Zr 元素在 3d 轨道上的光谱图，在结合能为 181.8 eV 和 184.2 eV 处分别对应着 Zr 3d$_{5/2}$ 和 Zr 3d$_{3/2}$ 的两个衍射峰。对 Zr 3d 轨道进行拟合分峰可以分出四个独立的峰，Zr$_2$O$_3$ 的衍射峰的结合能为 182.3 eV 和 184.8 eV。表 3.6 为催化剂的 XPS 表征数据，通过比较拟合面积，发现 ZnO/ZrO$_2$ 中 Zr 元素以 Zr$^{4+}$ 形式存在，且结合能大小基本没变[148]。与 XRD 表征结果一致，通过表 3.6 可知，有 Zr$^{5+}$ 生成表明发生了氧化反应。

表 3.6　ZnO/ZrO$_2$ 催化剂的 XPS 表征

| 杂化轨道 | 峰结合能/Ev | 峰面积/eV |
| --- | --- | --- |
| Zr 3d$_5$ | 182.33 | 52080.74 |
| Zr 3d$_3$ | 184.23 | 35787.99 |
| Zn 2p$_1$ | 1045.36 | 71705.49 |
| Zn 2p$_3$ | 1022.32 | 138435.50 |

### 3.6.8　傅里叶变换红外光谱分析

催化剂制备条件为 $n$(ZnO)/$n$(ZrO$_2$)=0.7，柠檬酸的浓度为 0.9 mol/L，焙烧温度分别为 350℃、400℃、450℃，焙烧时间为 4 h。对不同焙烧温度的 ZnO/ZrO$_2$ 复合催化剂进行傅里叶变换红外光谱分析，结果如图 3.37 所示。由图 3.37 可知，随着焙烧温度由 350℃升高至 450℃，峰的强度没有呈现明显变化，在 3550 cm$^{-1}$ 附近未发现游离的羧酸 O—H 的伸缩振动峰，说明在制备催化剂的反应过程中，络合剂柠檬酸与 Zn$^{2+}$ 和 Zr$^{4+}$ 发生了络合反应。查阅文献可知，柠檬酸中的羧酸根与硝酸盐溶液中的金属离子有 3 种配位形式：单齿配位、双齿配位和桥式配位[149]。柠檬酸中 O—H 的伸缩振动峰位于 3475 cm$^{-1}$ 处[150]，而氨水中 N—H 伸缩振动峰在 3147 cm$^{-1}$ 处未出现，说明催化剂中氨水在焙烧过程中被完全焙烧。波数为 1751 cm$^{-1}$ 对应的是游离态 C═O 伸缩振动峰，形成氢键后的 C═O 伸缩振动峰出现在 1702 cm$^{-1}$ 处。催化剂在 350℃、400℃、450℃的焙烧温度下，波数为 1618 cm$^{-1}$ 和 1388 cm$^{-1}$ 出现双重吸收峰，C═O 伸缩振动峰向低波数移动，说明羧基与金属离子发生了配位作用，主要以单齿配位和双齿配位形式与金属离子结合。

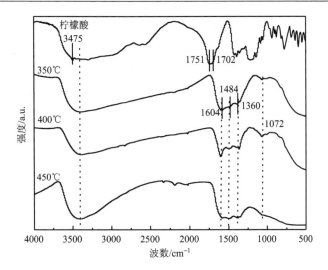

图 3.37　不同焙烧温度制备的 ZnO/ZrO₂ 红外光谱图

### 3.6.9　ZnO、ZrO₂ 和 ZnO/ZrO₂ 催化水解 HCFC-22

按 3.2.1 小节方法分别制备 ZnO、ZrO₂、ZnO/ZrO₂ 催化剂，将其用于催化水解 HCFC-22 的实验。对比 ZnO、ZrO₂、ZnO/ZrO₂ 的催化性能，结果如图 3.38 所示。

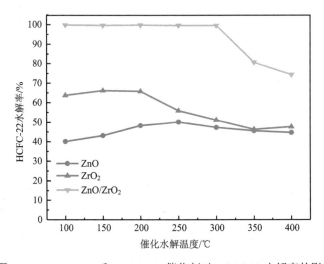

图 3.38　ZnO、ZrO₂ 和 ZnO/ZrO₂ 催化剂对 HCFC-22 水解率的影响

由图 3.38 可以看出，以最佳的制备条件制备催化剂，两种单一金属催化剂 ZnO、ZrO₂ 在催化水解 HCFC-22 的实验过程中，没有 ZnO/ZrO₂ 复合催化剂的效

果好。在催化水解温度为 150℃时，单一金属氧化物 ZrO₂ 催化水解 HCFC-22 的水解率仅为66.16%；而单一金属氧化物 ZnO 在催化水解温度为 250℃时，HCFC-22 的催化水解率最高为 50.09%。ZnO/ZrO₂ 复合催化剂在催化水解温度为 100℃时，HCFC-22 的水解率达到最佳（99.81%）。将 ZnO、ZrO₂ 和 ZnO/ZrO₂ 复合催化剂催化降解 HCFC-22 的水解率进行对比，可以看出 ZnO、ZrO₂ 两种单一金属氧化物的催化活性相当；复合催化剂的催化活性更高，更适用于催化水解低浓度氟利昂的研究。

### 3.6.10　ZnO、ZrO₂ 和 ZnO/ZrO₂ 催化水解 CFC-12

　　按 3.2.1 小节方法分别制备 ZnO、ZrO₂、ZnO/ZrO₂ 催化剂，将其用于催化水解 CFC-12 实验。对比 ZnO、ZrO₂、ZnO/ZrO₂ 的催化性能，结果如图 3.39 所示。

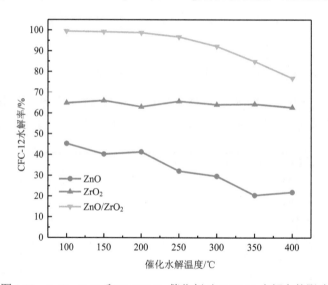

图 3.39　ZnO、ZrO₂ 和 ZnO/ZrO₂ 催化剂对 CFC-12 水解率的影响

　　由图 3.39 可以看出，ZnO/ZrO₂ 复合催化剂在催化水解温度为 100℃时，CFC-12 的水解率可以达到 99.47%，而单一金属氧化物 ZnO 在催化水解温度为 100℃时，CFC-12 的水解率可以达到 45.31%；单一金属氧化物 ZrO₂ 在催化水解温度为 150℃时，CFC-12 的水解率可以达到 66.05%。由上述结果可知，ZnO/ZrO₂ 复合催化剂对 CFC-12 的水解率明显高于单一金属氧化物 ZnO、ZrO₂，并且反应的催化水解温度低，接近水蒸气的温度，可以降低催化反应的成本，更有利于氟利昂的催化降解。

### 3.6.11　ZnO/ZrO₂ 催化水解 HCFC-22 和 CFC-12

按 3.2.1 小节方法制备出 ZnO/ZrO₂ 催化剂，用于催化水解 HCFC-22 和 CFC-12。在反应过程中，对比 ZnO/ZrO₂ 催化剂在催化水解 HCFC-22 和 CFC-12 的催化性能，结果如图 3.40 所示。

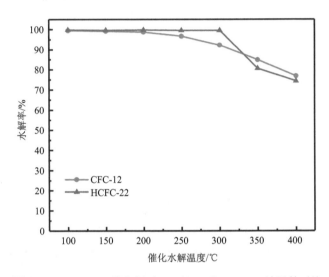

图 3.40　ZnO/ZrO₂ 催化剂对 HCFC-22 和 CFC-12 效果的对比

从图中可以看出，ZnO/ZrO₂ 催化剂对 HCFC-22 和 CFC-12 的水解率都有较好的效果。催化水解温度在 100～200℃时，HCFC-22 和 CFC-12 的水解率基本持平，可达到 98%以上。当催化水解温度高于 200℃后，CFC-12 的水解率缓慢降低，HCFC-22 的水解率仍高于 CFC-12，这可能是因为 CFC-12 比 HCFC-22 更加稳定，不易分解。

## 3.7　ZnO(Al₂O₃)/ZrO₂ 催化水解 HCFC-22 和 CFC-12 效果对比

### 3.7.1　两种催化剂催化水解温度对 HCFC-22 和 CFC-12 效果对比

在本书作者课题组李志倩研究的基础上，筛选出催化水解 HCFC-22 和 CFC-12 的最佳 Al₂O₃/ZrO₂ 复合催化剂，与本章研究的最佳 ZnO/ZrO₂ 复合催化剂在相同实验条件下进行对比，实验结果如图 3.41 所示。由图 3.41 (a) 可知，ZnO/ZrO₂ 催化剂在催化水解温度为 100～300℃时 HCFC-22 的水解率在 95%以上，催化水解温度在 100℃时 HCFC-22 的水解率达到 99.81%；Al₂O₃/ZrO₂ 催化剂在催化水解温度为 100~300℃时 HCFC-22 的水解率可达到 95%以上,催化水解温度在 100℃时 HCFC-22 的水解率达到 98.95%。由此可知,在催化水解温度为 100℃时,ZnO/ZrO$_2$ 催化剂催化水解 HCFC-22 的催化活性比 Al$_2$O$_3$/ZrO$_2$ 催化剂好。

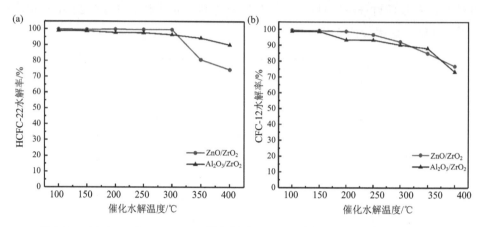

图 3.41　ZnO/ZrO$_2$ 和 Al$_2$O$_3$/ZrO$_2$ 催化剂对 HCFC-22(a)和 CFC-12(b)效果的对比

由图 3.41(b)可知,ZnO/ZrO$_2$ 催化剂在催化水解温度为 100~250℃时 CFC-12 的水解率可达到 95%以上,催化水解温度为 100℃时 CFC-12 的水解率达到 99.47%;Al$_2$O$_3$/ZrO$_2$ 催化剂在催化水解温度为 100~150℃时 CFC-12 的水解率可达到 95%以上,催化水解温度为 100℃时 CFC-12 的水解率达到 98.75%。由此可知,在催化水解温度为 100℃时,ZnO/ZrO$_2$ 催化剂催化水解 CFC-12 的催化活性比 Al$_2$O$_3$/ZrO$_2$ 催化剂好,温窗范围也较宽。

### 3.7.2　两种催化剂用量对 HCFC-22 和 CFC-12 水解率对比

在本书作者课题组李志倩研究的基础上,在相同的实验条件下,对比 ZnO/ZrO$_2$ 和 Al$_2$O$_3$/ZrO$_2$ 两种复合催化剂的用量对 HCFC-22 和 CFC-12 水解率的影响,实验结果如图 3.42 所示。由图可知,两种催化剂的用量从 0.5g 增加到 1.5g 时,HCFC-22 和 CFC-12 的水解率先增大后减小。两种催化剂的用量从 0.5 g 增加到 1.0 g 时,HCFC-22 和 CFC-12 的水解率最高仅为 55%以上。当催化剂的用量为 1.0g 时,ZnO/ZrO$_2$ 催化水解 HCFC-22 和 CFC-12 的水解率均比 Al$_2$O$_3$/ZrO$_2$ 催化剂的催化效果好。当催化剂的用量超过 1.0 g 时,Al$_2$O$_3$/ZrO$_2$ 的催化效果比 ZnO/ZrO$_2$ 催化剂好,可能原因是催化剂的用量过多使 ZnO/ZrO$_2$ 比 Al$_2$O$_3$/ZrO$_2$ 容易造成聚集现象,减少了气体与催化剂的接触面积。ZnO/ZrO$_2$ 和 Al$_2$O$_3$/ZrO$_2$ 催化剂的最佳用量均是 1.0 g,此时 HCFC-22 和 CFC-12 的水解率均可达到 95%以上。

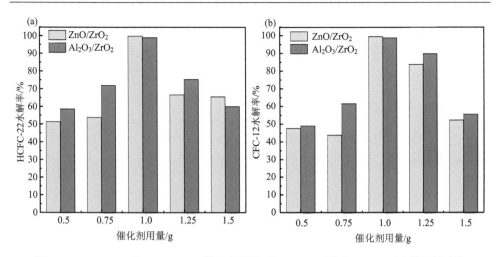

图 3.42　ZnO/ZrO₂ 和 Al₂O₃/ZrO₂ 催化剂用量对 HCFC-22(a)和 CFC-12(b)效果的对比

### 3.7.3　ZnO(Al₂O₃)/ZrO₂ 形貌对比

用 SEM 表征反应前后的 ZnO/ZrO₂ 和 Al₂O₃/ZrO₂ 复合催化剂,结果如图 3.43 所示。由图可知,ZnO/ZrO₂ 和 Al₂O₃/ZrO₂ 催化剂的形貌存在较大差异。图 3.43(a) 和(b)显示了反应前后 ZnO/ZrO₂ 催化剂的形态,均为六面体结构;图 3.43(c)和(d) 显示了反应前后 Al₂O₃/ZrO₂ 催化剂的形态,均为块状。反应后,两种催化剂表面

图 3.43　ZnO/ZrO₂ 和 Al₂O₃/ZrO₂ 催化剂的 SEM 图

(a)反应前 ZnO/ZrO₂;(b)反应后 ZnO/ZrO₂;(c)反应前 Al₂O₃/ZrO₂;(d)反应后 Al₂O₃/ZrO₂

出现了细小的二氧化硅颗粒，这是催化剂回收过程中分离不完全造成的。结合催化水解实验结果来看，$ZnO/ZrO_2$ 催化剂比 $Al_2O_3/ZrO_2$ 催化剂具有较高的催化活性和更好的稳定性。

### 3.7.4　ZnO(Al₂O₃)/ZrO₂ 制备成本对比

在本书作者课题组李志倩研究基础上，从 $ZnO/ZrO_2$ 和 $Al_2O_3/ZrO_2$ 两种复合催化剂的制备时间、焙烧温度、焙烧时间、催化水解率进行对比，结果如表 3.7 所示。

表 3.7　ZnO/ZrO₂ 和 Al₂O₃/ZrO₂ 催化剂的对比

| 项目 | $ZnO/ZrO_2$ 催化剂 | $Al_2O_3/ZrO_2$ 催化剂 |
|---|---|---|
| 制备时间/h | 10 | 69.75 |
| 焙烧温度/℃ | 400 | 800 |
| 焙烧时间/h | 4 | 3.5 |
| 催化水解率/% | HCFC-22(99.81)　CFC-12(99.47) | HCFC-22(98.95)　CFC-12(98.00) |

从表 3.7 可以看出，$Al_2O_3/ZrO_2$ 催化剂的制备时间高于 $ZnO/ZrO_2$ 催化剂的 7 倍左右，焙烧温度是 $ZnO/ZrO_2$ 催化剂的 2 倍，焙烧时间相差不大，HCFC-22 和 CFC-12 的水解率相差 1%左右。因此，由以上对比 $ZnO/ZrO_2$ 和 $Al_2O_3/ZrO_2$ 催化剂的结果可知，在考虑制备成本的条件下，$ZnO/ZrO_2$ 催化剂具有以下优点：降低了催化剂的制作成本、节约了制备时间、推进了实验进度、操作简单。

### 3.7.5　小结

(1)XRD 结果表明 $ZrO_2$ 在催化剂中主要以四方相形式存在，通过 Zn—Zr—O 键连接形成 $ZnO/ZrO_2$ 固溶体。对反应前后的催化剂进行 SEM 表征，结果表明该催化剂在反应前后呈现六面体棒状结构分布，独特的结构使其暴露出更多容易接触的表面，有利于 HCFC-22 和 CFC-12 的降解。反应后催化剂的形貌结构没有发生改变。由 EDS 分析可知催化剂纯度高，不含杂质。

(2)由 $N_2$ 等温吸附-脱附表征可知，该催化剂为介孔结构，ZnO 和 $ZrO_2$ 的物质的量比为 0.7，400℃下焙烧的催化剂比表面积较大。结合催化水解 HCFC-22 和 CFC-12 的实验结果分析可知，较大的比表面积增加了气体与催化剂的接触时间，催化反应更充分，可以提高 HCFC-22 和 CFC-12 的水解率。

(3)由 NH₃-TPD 和 CO₂-TPD 结果可知，ZnO 和 ZrO₂ 的摩尔比为 0.7，400℃焙烧的催化剂的碱性含量和酸性含量较多。结合催化水解 HCFC-22 和 CFC-12 的实验结果来看，催化剂的焙烧温度和摩尔比对酸碱性含量有一定影响。随着焙烧温度的升高，酸碱性的含量逐渐降低，导致催化剂的活性降低。

(4)TG-DTG 结果表明 ZnO/ZrO₂ 催化剂的失重可分为 3 个阶段，在 100～800℃不存在明显的热效应，复合材料的质量几乎没有变化，热稳定性较好。用 XPS 表征 ZnO/ZrO₂ 催化剂，通过光谱拟合结果可知，催化剂中包含 Zn、Zr、O、C 元素，C 元素可能是导电胶污染引入。观察 Zr 元素价态的变化可知，ZnO/ZrO₂ 催化剂在催化水解 HCFC-22 和 CFC-12 的实验过程中发生了氧化反应。

(5)在催化水解 HCFC-22 和 CFC-12 的实验过程中，对比了 ZnO、ZrO₂、ZnO/ZrO₂ 催化剂的催化性能。结果发现，ZnO/ZrO₂ 的催化活性比单一催化剂的催化活性更好，HCFC-22 和 CFC-12 的水解率均可以达到 99%以上，HCFC-22 的水解率比 CFC-12 的高。从催化水解温度、催化剂用量、形貌和制备成本对 ZnO(Al₂O₃)/ZrO₂ 催化水解 HCFC-22 和 CFC-12 效果进行对比，结果发现 ZnO(Al₂O₃)/ZrO₂ 的催化水解温度为 100℃、催化剂用量为 1.0 g 时 HCFC-22 和 CFC-12 的水解率均可达到 98%以上，并且 ZnO/ZrO₂ 的催化活性比 Al₂O₃/ZrO₂ 的好。Al₂O₃/ZrO₂ 为块状，而六面体形貌的 ZnO/ZrO₂ 可以为催化水解 HCFC-22 和 CFC-12 提供更多的活性位点。在考虑制备成本的条件下，与 Al₂O₃/ZrO₂ 催化剂相比，ZnO/ZrO₂ 催化剂在制备过程中简化生产成本、节约制备时间、推进实验进度、操作简单。

(6)结合催化剂的表征和 HCFC-22、CFC-12 的催化水解，XRD 表征结果表明，催化剂中的 ZrO₂ 以四方相形式存在，ZnO/ZrO₂ 形成固溶体；反应前后催化剂的主要组成成分未发生改变，可以通过 SEM、XPS 和 EDS 表征手段进行分析。N₂ 等温吸附-脱附表征结果表明催化剂具有介孔结构和良好的分散性。CO₂(NH₃)-TPD 分析结果表明催化剂呈酸碱性；FT-IR 表征结果说明羧酸根离子主要以单齿配位和双齿配位形式与金属离子结合；TG-DTG 表征结果表明催化剂的质量基本不变，热稳定性较好。由以上表征结果可知，该催化剂具有良好的介孔结构和分散性等理化性质，共同决定了其在研究低浓度氟利昂的催化水解过程中具有良好的催化性能。

# 第 4 章 CoO/ZrO₂ 催化水解 HCFC-22 和 CFC-12 基础研究

## 4.1 实验仪器和试剂

### 4.1.1 实验仪器

催化实验过程中的仪器见表 4.1。

表 4.1 实验仪器

| 仪器名称 | 型号 | 生产厂家 |
| --- | --- | --- |
| 流量显示仪 | D08-4F | 北京七星华创科技有限公司 |
| 流量控制器 | D07 | 北京七星华创科技有限公司 |
| 管式炉 | LINDBERG BLUE M | 赛默飞世尔科技有限公司 |
| 电子天平 | AR224CN | 奥豪斯仪器(上海)有限公司 |
| 集热式恒温加热磁力搅拌器 | DF-101S | 巩义市予华仪器有限责任公司 |
| 数显智能控温磁力搅拌器 | SZCL-2 | 巩义市予华仪器有限责任公司 |
| 循环水式真空泵 | SHZ-D | 巩义市予华仪器有限责任公司 |
| 电热恒温干燥箱 | WHL-45B | 天津市泰斯特仪器有限公司 |
| 马弗炉 | Carbolite CWF 11/5 | 上海上碧实验仪器有限公司 |
| 石英管 | $\varPhi3$ mm×120 cm | 定制 |
| 气体采样袋 | 0.2 L | 大连海得科技有限公司 |
| GC-MS | Thermo Fisher(ISQ) | 赛默飞世尔科技有限公司 |
| 色谱柱 | TR-5MS | 赛默飞世尔科技有限公司 |
| X 射线衍射仪 | D8 Advance | 德国 Bruker 公司 |
| 气体吸附仪 | BELSORP-max | 麦奇克拜尔有限公司 |
| 全自动化学吸附仪 | DAS-7200 | 湖南华思仪器有限公司 |
| 傅里叶变换红外光谱仪 | Nicolet iS10 | 赛默飞世尔科技有限公司 |

### 4.1.2 实验试剂

催化实验过程中的试剂见表 4.2。

**表 4.2　实验试剂**

| 试剂名称 | 等级 | 生产厂家 |
|---|---|---|
| CHClF$_2$ | — | 浙江巨化股份有限公司 |
| CCl$_2$F$_2$ | — | 浙江巨化股份有限公司 |
| N$_2$ | 99.99% | 昆明广瑞达特种气体有限责任公司 |
| Co(NO$_3$)$_2$·6H$_2$O | AR | 山东科源生化有限公司 |
| Zr(NO$_3$)$_4$·5H$_2$O | AR | 上海麦克林生化科技有限公司 |
| NH$_3$·H$_2$O | AR | 天津市致远化学试剂有限公司 |
| 尿素 | AR | 天津市致远化学试剂有限公司 |

# 4.2　实 验 方 法

## 4.2.1　催化剂制备

### 1. CoO 制备

CoO 采用共沉淀法制备。将一定量的 Co(NO$_3$)$_2$·6H$_2$O 溶解在去离子水中,配成一定浓度的硝酸盐溶液。水浴加热到 80℃并搅拌使其溶解,在搅拌条件下缓慢滴加氨水溶液直到 pH=8～9,继续在 80℃下搅拌 1 h,然后在 80℃数显智能控温磁力搅拌器中放置 9h,过滤后将所得滤饼在 80℃下干燥 12 h。之后将烘干后的滤饼放入马弗炉中在 500℃下焙烧 5 h,最后经过研磨制得 CoO 催化剂。

### 2. ZrO$_2$ 制备

ZrO$_2$ 采用共沉淀法制备。将一定量的 Zr(NO$_3$)$_4$·5H$_2$O 溶解在去离子水中,配成一定浓度的硝酸盐溶液。水浴加热到 80℃并搅拌使其溶解,在搅拌条件下缓慢滴加氨水溶液直到 pH=8～9,继续在 80℃下搅拌 1 h,然后在 80℃数显智能控温磁力搅拌器中放置 9h,过滤后将所得滤饼在 80℃下干燥 12 h。之后将烘干后的滤饼放入马弗炉中在 500℃下焙烧 5 h,最后经过研磨制得 ZrO$_2$ 催化剂。

### 3. CoO/ZrO$_2$ 共沉淀法制备

CoO/ZrO$_2$ 催化剂采用共沉淀法制备。将一定量的 Co(NO$_3$)$_2$·6H$_2$O 和 Zr(NO$_3$)$_4$·5H$_2$O 溶解在去离子水中,配成一定浓度的硝酸盐溶液。水浴加热到 80℃并搅拌使其溶解,在搅拌条件下缓慢滴加氨水溶液直到 pH=8～9,继续在 80℃下搅拌 1 h,然后在 80℃数显智能控温磁力搅拌器中放置 9h,过滤后将所得滤饼在80℃下干燥 12 h。之后将烘干后的滤饼放入马弗炉中分别以400℃、500℃、600℃焙烧 5 h，最后经过研磨制得 $CoO/ZrO_2$ 催化剂。

### 4. $CoO/ZrO_2$ 溶液燃烧法制备

$CoO/ZrO_2$ 催化剂采用溶液燃烧法制备。将一定量的 $Co(NO_3)_2 \cdot 6H_2O$、$Zr(NO_3)_4 \cdot 5H_2O$ 和尿素溶解在去离子水中。然后将装有该混合溶液的烧杯放入数显智能控温磁力搅拌器中，110℃加热燃烧至溶液全部蒸干，然后将燃烧后的物质放入马弗炉中以 500℃焙烧 2 h，最后研磨制得 $CoO/ZrO_2$ 催化剂。

## 4.2.2　催化剂表征

### 1. 扫描电子显微镜表征

催化剂表面的形貌特征通过美国 FEI 公司的 NOVA NANOSEM-450 扫描电子显微镜观察。测试方法：取一定量的催化剂粉末样品平铺于样品台导电胶表面，烘干。

### 2. X 射线衍射表征

通过德国生产的 Bruker D8 Advance 型 X 射线衍射仪对催化剂晶体内部的原子排列状况、晶格形状、衍射图的指标化、晶粒大小和晶格畸变进行分析[123]。测试条件为：Cu 靶，$K_\alpha$ 辐射源，$2\theta$ 范围为 20°～80°，扫描速率是 12°/min，步长是 0.01°/s，工作电压和工作电流分别是 40 kV 和 40 mA，波长 $\lambda=0.154178$ nm[124]。

### 3. 红外光谱表征

通过美国赛默飞世尔科技有限公司生产的 Nicolet iS10 型智能傅里叶变换红外光谱仪对催化剂的分子结构进行分析和鉴定。测试方法选用 KBr 压片法。

### 4. BET $N_2$ 等温吸附-脱附表征

$N_2$ 吸附-脱附等温线、比表面积及孔径变化，通过 BELSORP-max Ⅱ型气体吸附仪进行测定分析，吸附介质采用高纯氮气，测试条件为：样品在 200℃的真空条件下进行 3 h 的前处理，在 76.47 K（液氮）条件下进行静态氮吸附。比表面积采用 BET 法计算，孔体积采用 BJH 法计算[125]。

### 5. 热重表征

通过瑞士Mettler-Toledo公司生产的型号为TGA/SDTA851e热重分析仪对催化剂

的热稳定性进行分析。测试条件：升温速率为 5℃/min，温度范围为 50～600℃[126]。

### 4.2.3　催化反应装置

实验具体流程为：称取 1.00 g 复合材料 CoO/ZrO₂，以 50 g 石英砂(SiO₂)作为催化剂的填料载体与复合材料混合填充于石英管中，通入模拟反应气体 4.0 mol% CFCs、25.0 mol% $H_2O(g)$，其余为 $N_2$，反应后的气体用 NaOH 吸收液吸收，之后通过硅胶对没被 NaOH 吸收的气体进行干燥处理。到达所需条件后反应 15 min 开始采样，采集的气体通过气相色谱–质谱联用仪进行定性和定量分析[111](具体实验流程见图 4.1)。氟利昂的水解反应原理如下：

$$CFCs + H_2O \xrightarrow{\text{催化剂}} CO_2 + HF + HCl \tag{4.1}$$

由以上反应可知，在水蒸气和催化剂同时存在的条件下，CFCs 发生催化水解反应，水解产物为 $CO_2$、HCl 和 HF。

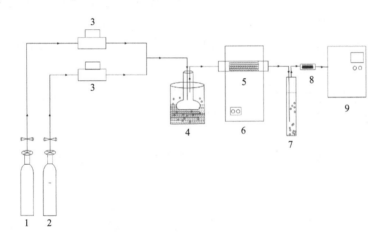

图 4.1　催化水解反应流程图

1. CFCs；2. $N_2$；3. 质量流量控制器；4. 水蒸气发生器；5. 催化反应床层；6. 管式炉；7. NaOH 吸收液；

8. 干燥器；9. 气相色谱–质谱联用仪

### 4.2.4　气体组成

1. 催化水解 HCFC-22 的气体组成

反应气体流速为 15 mL/min，气体组成为 4.0 mol% HCFC-22，25.0 mol% $H_2O(g)$，其余为 $N_2$。

2. 催化水解 CFC-12 的气体组成

反应气体流速为 15 mL/min，气体组成为 4.0 mol% CFC-12，25.0 mol% $H_2O(g)$，其余为 $N_2$。

### 4.2.5　检测方法

对处理后的气体进行定量和定性分析是通过美国赛默飞世尔科技有限公司生产的 Thermo Fisher（ISQ）气相色谱-质谱联用仪（GC/MS），色谱柱使用赛默飞世尔科技有限公司生产的毛细管柱（100%二甲基聚硅氧烷），型号为 TR-5MS。

色谱柱使用前老化条件：载气流速 1 mL/min，柱温在 50℃保持 1 min，以 3.0℃/min 的速率升到 230℃保持 20 min，以 3.0℃/min 的速率升到 300℃保持 30 min，如此循环几次。检测条件：进样口温度 80℃，柱温 35℃，停留时间 2 min，使用高纯 He（>99.99%）作为载气，恒流模式下载气流速 1.00 cm³/min，分流比 140：1。质谱检测器 EI 源 260℃，离子传输杆温度 280℃，进样量 0.1 mL。在此条件下对处理后的气体进行定性和定量分析，用 CFCs 水解率来评价催化水解效果。计算公式如下所示：

$$CFCs水解率 = \frac{CFCs入口峰面积 - CFCs出口峰面积}{CFCs入口峰面积} \times 100\% \tag{4.2}$$

## 4.3　复合材料 $CoO/ZrO_2$ 催化水解 HCFC-22

### 4.3.1　引言

《关于消耗臭氧层物质的蒙特利尔议定书》明确指出禁止生产和使用氟利昂，以此解决氟利昂带来的环境问题。可是，HCFC-22 和 CFC-12 仍存在一些废旧设备中，本书作者课题研究小组已探究了 $MgO/ZrO_2$、$MoO_3/ZrO_2$、$MoO_3/ZrO_2$-$TiO_2$、$Al_2O_3/ZrO_2$ 和 $ZnO/ZrO_2$ 等催化剂催化水解 HCFC-22 和 CFC-12。在上述研究基础上，本章新制备了 $CoO/ZrO_2$ 催化剂催化水解 HCFC-22 和 CFC-12，以望提高催化剂的催化性能及 HCFC-22 和 CFC-12 的水解率。

本节主要研究了复合材料 $CoO/ZrO_2$ 的制备方法、制备条件、催化剂用量以及催化水解条件对 HCFC-22 水解效果的影响。同时探究了单一金属氧化物与复合材料催化水解效果的比较。实验结果表明，复合材料 $CoO/ZrO_2$ 对催化水解低浓度的 HCFC-22 有较好的水解效果。

### 4.3.2　单一金属氧化物 CoO 催化水解 HCFC-22

CoO 催化剂按 4.2.1 节方法制备,将其用于催化水解 HCFC-22,实验结果如图 4.2 所示。随着催化水解温度从 100℃升高到 500℃,CoO 催化剂对 HCFC-22 的催化水解效果呈现逐渐降低的趋势。HCFC-22 的水解率在催化水解温度为 100℃时最高,仅可达到 85.52%;逐渐升高催化水解温度时,HCFC-22 的水解率逐渐下降,可能是因为在高温状态下,CoO 催化剂内部的结构会受到严重破坏,使其活性降低。在催化水解 HCFC-22 实验中,CoO 催化剂的内部结构受到破坏且催化水解温度较高时,催化活性受到影响,故 CoO 催化剂在催化水解 HCFC-22 中不能作为最佳的催化剂。

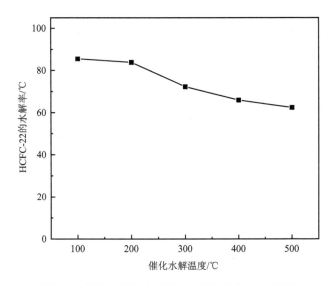

图 4.2　催化水解温度对单一金属氧化物 CoO 催化
HCFC-22 水解率的影响

### 4.3.3　单一金属氧化物 ZrO$_2$ 催化水解 HCFC-22

ZrO$_2$ 催化剂按 4.2.1 小节方法制备,用于探究催化水解温度对 ZrO$_2$ 催化 HCFC-22 水解率的影响,结果如图 4.3 所示。

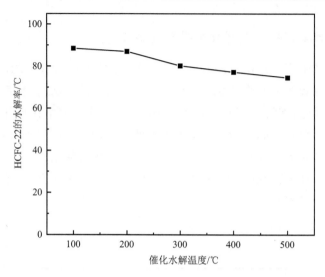

图 4.3　催化水解温度对单一金属氧化物 $ZrO_2$ 催化
HCFC-22 水解率的影响

　　从图 4.3 可以看出，$ZrO_2$ 催化剂对 HCFC-22 的水解具有一定效果，在水解温度为 100℃时，达到最佳(88.48%)，随着水解温度逐渐升高，水解率呈现下降趋势，但与 CoO 催化剂催化水解 HCFC-22 的效果相比有了显著提高，说明 $ZrO_2$ 催化剂相比于 CoO 催化剂更适合用于 HCFC-22 的水解。

### 4.3.4　$CoO/ZrO_2$ 制备条件对 HCFC-22 水解率影响

　　1. 制备方法

　　按 4.2.1 小节方法分别使用共沉淀法和溶液燃烧法制备 $CoO/ZrO_2$ 催化剂，用于催化水解 HCFC-22，实验结果如图 4.4 所示。

　　如图 4.4 所示，选取两种方法的最佳制备条件所制备出的催化剂，对催化水解 HCFC-22 都有一定的效果，共沉淀法制备的催化剂在催化水解温度为 100℃时达到最佳，水解率为 99.60%；溶液燃烧法制备的催化剂在催化水解温度为 100℃时达到最佳，水解率为 87.93%。由此可以看出，共沉淀法制备的催化剂具有更好的催化活性。接下来的实验将围绕共沉淀法的制备条件对 HCFC-22 水解率的影响展开。

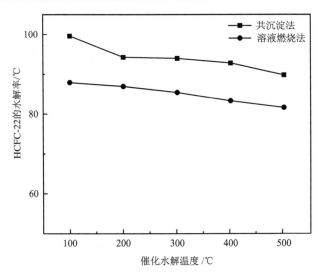

图 4.4　CoO/ZrO$_2$ 的制备方法对 HCFC-22 水解率的影响

### 2. CoO 与 ZrO$_2$ 的摩尔比

按 4.2.1 节方法制备的 CoO/ZrO$_2$ 复合材料，CoO 和 ZrO$_2$ 的摩尔比分别为 0.25∶1.00、0.50∶1.00、0.75∶1.00、1.00∶1.00，用于探究不同摩尔比制得的 CoO/ZrO$_2$ 催化水解 HCFC-22 水解率的影响，结果如图 4.5 所示。

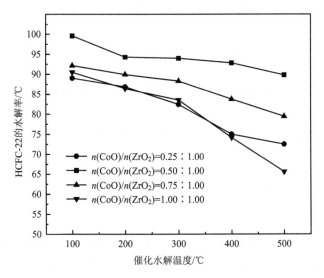

图 4.5　CoO 与 ZrO$_2$ 摩尔比对 HCFC-22 水解率的影响

如图 4.5 所示，随着 CoO 量的增加，水解率先增大后减小，在 $n(CoO)/n(ZrO_2)=0.50：1.00$，催化水解温度为 100℃时，达到本实验的最佳水解率 (99.60%)。

3. 焙烧温度

按 4.2.1 小节方法制备的 $CoO/ZrO_2$ 复合材料，焙烧温度分别为 300℃、400℃、500℃、600℃、700℃，用于探究不同焙烧温度制得的 $CoO/ZrO_2$ 催化剂催化水解 HCFC-22 水解率的影响，结果如图 4.6 所示。

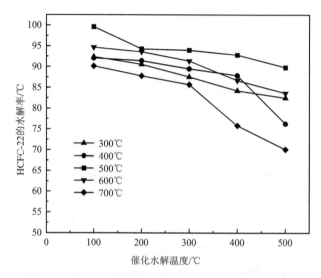

图 4.6　$CoO/ZrO_2$ 的焙烧温度对 HCFC-22 水解率的影响

图 4.6 为在焙烧时间为 5 h，不同焙烧温度下的 $CoO/ZrO_2$ 催化剂对 HCFC-22 水解率的影响。从图中可以看出，随着焙烧温度逐渐增加，水解率呈现先增大后减小的趋势，在焙烧温度为 500℃时达到最佳水解率(99.60%)，之后焙烧温度逐渐增大，水解率呈下降趋势，700℃之后急剧下降。这主要是由于温度较高使催化剂烧结，从而降低了催化活性。

4. 焙烧时间

按 4.2.1 小节方法制备的 $CoO/ZrO_2$ 复合材料，焙烧时间分别为 3h、4h、5h、6h、7h，用于探究不同焙烧时间制得的 $CoO/ZrO_2$ 催化剂催化水解 HCFC-22 水解率的影响，结果如图 4.7 所示。

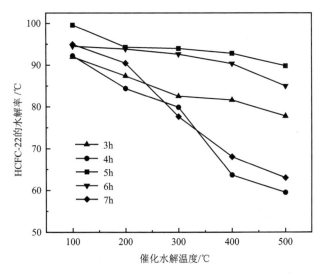

图 4.7　CoO/ZrO$_2$ 的焙烧时间对 HCFC-22 水解率的影响

如图 4.7 所示,在焙烧温度为 500℃,不同焙烧时间下的 CoO/ZrO$_2$ 对 HCFC-22
水解率的影响。从图中可以看出,随着焙烧时间逐渐增加,水解率逐渐增大,在
焙烧时间为 5 h 时水解率达到最大(99.60%),之后再增加焙烧时间,水解率开始
呈下降趋势。这主要是因为随着焙烧时间的延长,复合材料会发生烧结从而使催
化活性有所降低。

5. 催化剂用量

按 4.2.1 小节方法制备的 CoO/ZrO$_2$ 复合材料,催化剂用量分别为 1.00g、1.25g、
1.50g、1.75g、2.00g,用于探究 CoO/ZrO$_2$ 催化剂用量对 HCFC-22 水解率的影响,
结果如图 4.8 所示。

从图 4.8 中可以看出,催化剂的用量太少,对 HCFC-22 的水解率较低,这主
要是由于用量少,能够提供的活性位点就少,从而反应活性就低。因此,随着催
化剂用量的增加,在催化剂用量为 1.50 g 时,催化水解率达到 99.60%。继续加大
催化剂的用量,发现水解率呈急剧下降趋势。这主要是由于当催化剂用量过多时,
会发生聚集而沉降,使得催化剂的总比表面积降低,进而减少了复合材料与反应
气体的有效接触面积,从而使催化水解率降低。

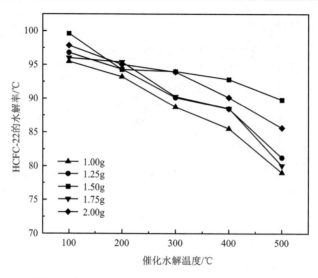

图 4.8　CoO/ZrO₂ 的用量对 HCFC-22 水解率的影响

### 4.3.5　小结

（1）本节尝试了用不同方法制备催化剂，用其来催化水解 HCFC-22。实验结果表明，采用共沉淀法制备的催化剂，当水解温度为 100℃时，水解率达到 99.60%；采用溶液燃烧法制备的催化剂，当水解温度为 100℃时，水解率仅为 87.93%。

（2）使用单一金属氧化物 ZrO₂ 催化水解 HCFC-22，当水解温度为 100℃时，最佳催化水解率为 88.48%。

（3）使用单一金属氧化物 CoO 催化水解 HCFC-22，当催化水解温度为 100℃时，最佳催化水解率为 85.52%。

（4）使用复合材料 CoO/ZrO₂ 催化水解 HCFC-22，当水解温度为 100℃时，达到最佳水解率（99.60%）。实验结果表明，复合后的催化剂的催化活性高于单相的催化活性。

（5）本节还探究了催化剂用量对催化活性的影响，实验表明，催化剂的用量过多或过少都不利于催化水解的进行，当催化剂用量为 1.50 g 时，达到催化水解 HCFC-22 的最佳水解率（99%以上）。

（6）催化水解实验表明，催化剂的制备方法、制备的物料摩尔比、焙烧温度和焙烧时间以及催化剂用量对 HCFC-22 的水解率都有一定影响。以水解率为评价标准得出催化剂的最佳制备条件为：制备方法采用共沉淀法，CoO 和 ZrO₂ 的摩尔比为 0.50∶1.00，焙烧温度为 500℃，焙烧时间为 5 h；最佳催化水解条件为：催化剂用量为 1.50 g，催化水解温度为 100℃。

## 4.4　复合材料 CoO/ZrO₂ 催化水解 CFC-12

### 4.4.1　引言

CFC-12 比 HCFC-22 更稳定，在 4.3 节探究基础上，本节对 CFC-12 气体进行了探究，考察了 CoO/ZrO₂ 催化剂的制备方法、物质的量比、焙烧温度、催化剂用量和催化水解温度等因素对 CFC-12 催化水解效果的影响。在 4.3 节研究基础上，本节继续使用 CoO/ZrO₂ 催化水解低浓度 CFC-12，重点研究了 CoO/ZrO₂ 的催化性能和 CFC-12 的水解率。

### 4.4.2　单一金属氧化物 CoO 催化水解 CFC-12

CoO 催化剂按 4.2.1 小节方法制备，将其用于催化水解 CFC-12，实验结果如图 4.9 所示。随着催化水解温度从 100℃升高到 500℃，CoO 催化剂对 CFC-12 的催化水解效果呈现逐渐降低的趋势。CFC-12 的水解率在催化水解温度为 100℃时最高，仅可达到 80.86%；逐渐升高催化水解温度时，CFC-12 的水解率逐渐下降。这可能是因为在高温状态下，CoO 催化剂内部的结构会受到严重破坏，使得催化剂的活性降低。在催化水解 CFC-12 实验中，CoO 催化剂的内部结构受到破坏且催化水解温度较高时，催化活性受到影响，故 CoO 催化剂在催化水解 CFC-12 中不能作为最佳的催化剂。

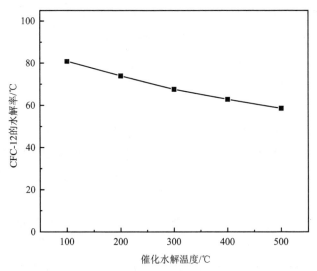

图 4.9　催化水解温度对 CoO 催化 CFC-12 水解率的影响

### 4.4.3 单一金属氧化物 ZrO₂ 催化水解 CFC-12

ZrO₂ 催化剂按 4.2.1 小节方法制备，用于探究 ZrO₂ 催化水解 HCFC-22 水解率的影响，结果如图 4.10 所示。

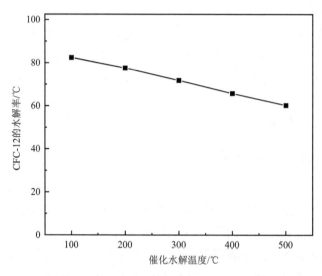

图 4.10 催化水解温度对 ZrO₂ 催化 CFC-12 水解率的影响

从图 4.10 可以看出，ZrO₂ 催化剂对 CFC-12 的水解具有一定效果，在水解温度为 100℃时达到最佳(82.44%)，之后随着水解温度逐渐升高，水解率呈现下降趋势，但与 CoO 催化剂催化水解 CFC-12 的效果相比有了一定提高，说明 ZrO₂ 催化剂相比于 CoO 催化剂更适合用于 CFC-12 的水解。

### 4.4.4 CoO/ZrO₂ 制备条件对 CFC-12 水解率影响

#### 1. 制备方法

按 4.2.1 小节方法分别使用共沉淀法和溶液燃烧法制备 CoO/ZrO₂ 催化剂，用于探究 CoO/ZrO₂ 催化水解 CFC-12 水解率的影响，结果如图 4.11 所示。

如图 4.11 所示，选取两种方法的最佳制备条件所制备出的催化剂，对催化水解 CFC-12 都有一定效果，共沉淀法制备的催化剂在催化水解温度为 100℃时达到最佳，水解率为 98.81%；溶液燃烧法制备的催化剂在催化水解温度为 100℃时达到最佳，水解率为 83.06%。由此可以看出，共沉淀法制备的催化剂具有更好的催化活性。接下来的实验将围绕共沉淀法的制备条件对 CFC-12 水解率的影响展开。

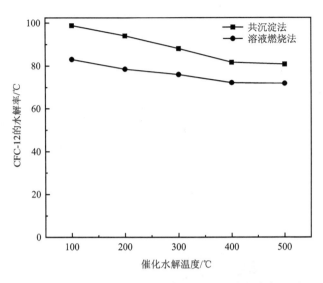

图 4.11　CoO/ZrO$_2$ 的制备方法对 CFC-12 水解率的影响

### 2. CoO 与 ZrO$_2$ 的摩尔比

按 4.2.1 小节方法制备的 CoO/ZrO$_2$ 复合材料，CoO 和 ZrO$_2$ 的摩尔比分别为 0.25、0.50、0.75、1.00，用于探究不同摩尔比制得的 CoO/ZrO$_2$ 催化水解 HCFC-22 水解率的影响，结果如图 4.12 所示。

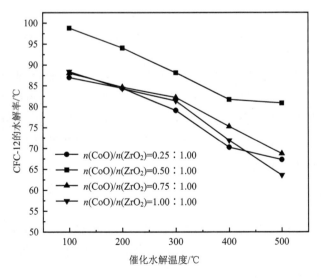

图 4.12　CoO 和 ZrO$_2$ 的不同摩尔比对 CFC-12 水解率的影响

　　如图 4.12 所示，随着 CoO 量的增加，CFC-12 水解率逐渐增大，在 $n(CoO)$：$n(ZrO_2)$=0.50：1.00，催化水解温度为 100℃时，达到本实验的最佳水解率（98.81%）。

　　3. 焙烧温度

　　按 4.2.1 节方法制备的 $CoO/ZrO_2$ 复合材料，焙烧温度分别为 300℃、400℃、500℃、600℃、700℃，用于探究不同焙烧温度制得的 $CoO/ZrO_2$ 催化剂催化水解 CFC-12 水解率的影响，结果如图 4.13 所示。

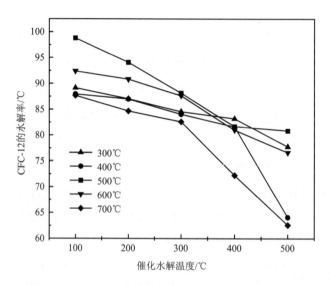

图 4.13　$CoO/ZrO_2$ 的焙烧温度对 CFC-12 水解率的影响

　　图 4.13 为在焙烧时间为 5 h，不同焙烧温度下的 $CoO/ZrO_2$ 催化剂对 CFC-12 水解率的影响。从图中可以看出，随着焙烧温度逐渐加大，水解率呈现先增加后减小的趋势，在焙烧温度为 500℃时达到最佳水解率（98.81%），之后焙烧温度逐渐增大，水解率呈下降趋势，700℃之后急剧下降。这主要是由于温度较高使催化剂烧结，从而降低了催化活性。

　　4. 焙烧时间

　　按 4.2.1 小节方法制备的 $CoO/ZrO_2$ 复合材料，焙烧时间分别为 3h、4h、5h、6h、7h，用于探究不同焙烧时间制得的 $CoO/ZrO_2$ 催化剂催化水解 CFC-12 水解率的影响，结果如图 4.14 所示。

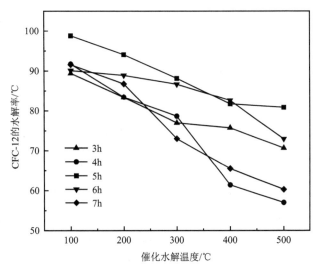

图 4.14　CoO/ZrO₂ 的焙烧时间对 CFC-12 水解率的影响

　　如图 4.14 所示，在焙烧温度为 500℃，不同焙烧时间下的 CoO/ZrO₂ 对 CFC-12 水解率的影响。从图中可以看出，随着焙烧时间逐渐增加，水解率逐渐增大，在焙烧时间为 5 h 时，水解率达到最大（98.81%），之后再增加焙烧时间，水解率开始呈下降趋势。这主要是因为随着焙烧时间的延长，复合材料会发生烧结从而使催化活性有所降低。

### 5. 催化剂用量

　　按 4.2.1 小节方法制备的 CoO/ZrO₂ 复合材料，催化剂用量分别为 1.00g、1.25g、1.50g、1.75g、2.00g，用于探究不同 CoO/ZrO₂ 催化剂用量对 CFC-12 水解率的影响，结果如图 4.15 所示。

　　从图 4.15 中可以看出，催化剂的用量太少，对 CFC-12 的水解率较低，主要是由于用量少，能够提供的活性位点就少，从而反应活性就低。因此，随着催化剂用量的增加，在催化剂用量为 1.50 g 时，催化水解率达到 98.81%，继续加大催化剂的用量，发现水解率呈急剧下降的趋势。这主要是由于当催化剂用量过多时，会发生聚集而沉降，使得催化剂的总比表面积降低，进而减少了复合材料与反应气体的有效接触面积，从而使催化水解率降低。

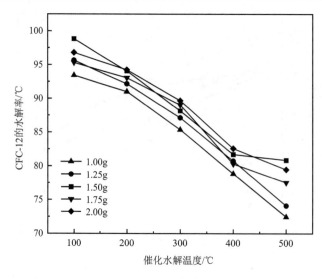

图 4.15　CoO/ZrO$_2$ 的用量对 CFC-12 水解率的影响

### 4.4.5　CoO/ZrO$_2$ 催化剂表征与分析

1. 扫描电子显微镜表征

按 4.2.1 小节方法制备的 CoO/ZrO$_2$ 催化剂，制备条件：CoO 和 ZrO$_2$ 的摩尔比分别为 0.25、0.50、0.75、1.00，焙烧温度为 500℃，焙烧时间为 5 h。对该制备条件下的 CoO/ZrO$_2$ 催化剂进行 SEM 分析，结果如图 4.16 所示。

图 4.16 分别代表 $n$(CoO)∶$n$(ZrO$_2$)=0.25∶1.00、$n$(CoO)∶$n$(ZrO$_2$)=0.50∶1.00、$n$(CoO)∶$n$(ZrO$_2$)=0.75∶1.00、$n$(CoO)∶$n$(ZrO$_2$)=1.00∶1.00 的 SEM 图，可以看到不同摩尔比制备条件下的 CoO/ZrO$_2$ 催化剂呈现出没有规则的块状结构，表面有些许细小的孔道，这为催化水解反应提供了更大的比表面积，有利于 HCFC-22 和 CFC-12 的降解。

2. X 射线衍射表征

按 4.2.1 小节方法制备的 CoO/ZrO$_2$ 催化剂，制备条件：CoO 和 ZrO$_2$ 的摩尔比分别为 0.25、0.50、0.75、1.00，焙烧温度为 500℃，焙烧时间为 5 h。对该制备条件下的 CoO/ZrO$_2$ 催化剂进行 XRD 分析，结果如图 4.17 所示。

图 4.16　不同摩尔比制备的 CoO/ZrO₂ 的 SEM 图

(a) $n(\mathrm{CoO}) : n(\mathrm{ZrO_2})=0.25 : 1.00$；(b) $n(\mathrm{CoO}) : n(\mathrm{ZrO_2})=0.50 : 1.00$；(c) $n(\mathrm{CoO}) : n(\mathrm{ZrO_2})=0.75 : 1.00$；(d) $n(\mathrm{CoO}) : n(\mathrm{ZrO_2})=1.00 : 1.00$

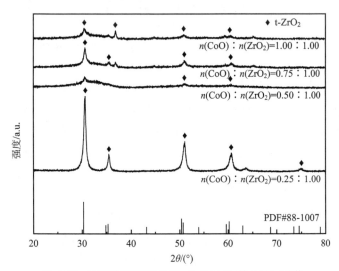

图 4.17　不同摩尔比制备的 CoO/ZrO₂ 的 XRD 图谱

从图 4.17 可以看出，以共沉淀法制备的不同摩尔比的 CoO/ZrO₂ 催化剂中的 ZrO₂ 以 t-ZrO₂（四方相氧化锆）的形式存在，此衍射峰与标准卡片 JCPD#88-1007

相对应，并且未检测到 CoO 的衍射峰。这说明 CoO 以固体溶液形式高度分散在催化剂表面，未形成单独晶相[151,152]。

### 3. 红外光谱表征

按 4.2.1 小节方法制备的 CoO/ZrO$_2$ 催化剂，制备条件：CoO 和 ZrO$_2$ 的摩尔比分别为 0.25、0.50、0.75、1.00，焙烧温度为 500℃，焙烧时间为 5 h。对该制备条件下的复合材料进行 FTIR 分析，结果如图 4.18 所示。

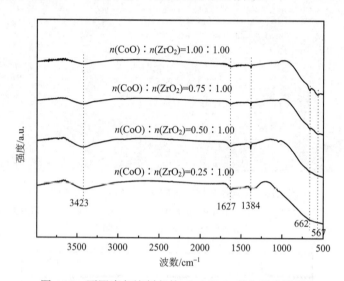

图 4.18　不同摩尔比制备的 CoO/ZrO$_2$ 的红外光谱图

从图 4.18 可以看出，测试的催化剂均在 3423 cm$^{-1}$ 处出现了—OH 的伸缩振动峰，1627 cm$^{-1}$ 处的吸收峰为催化剂表面吸附水的弯曲振动峰，1384 cm$^{-1}$ 附近的吸收峰为硝酸盐的振动峰[153]。随着 CoO 含量的上升，该催化剂在 662 cm$^{-1}$ 和 567 cm$^{-1}$ 处出现了两个微弱的吸收峰，分别对应于 Co—O 键和 Zr—O 键。

### 4. BET N$_2$ 等温吸附-脱附表征

按 4.2.1 小节方法制备的 CoO/ZrO$_2$ 催化剂，制备条件：CoO 和 ZrO$_2$ 的摩尔比分别为 0.25、0.50、0.75、1.00，焙烧温度为 500℃，焙烧时间为 5 h。对该制备条件下的复合材料进行 BET 分析，结果如图 4.19 所示。

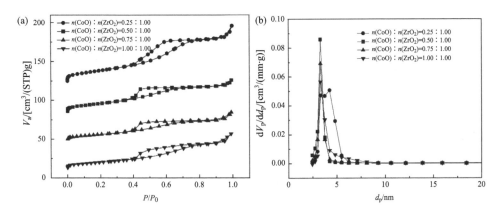

图 4.19　不同摩尔比制备的 CoO/ZrO₂ 催化剂的 N₂ 物理吸附(a) 和孔径分布图(b)

　　从图 4.19 可以看出，由 IUPAC 分类可知，不同摩尔比的催化剂的 N₂ 吸附-脱附等温线均为不重叠的Ⅳ型，出现吸附迟滞现象。在多孔吸附质存在情况下，H2 型滞后环产生，表明催化剂中的固体颗粒是介孔结构。在低压力区，吸附-脱附等温线偏离 $y$ 轴，说明催化剂和氮气存在巨大的作用力，催化剂中存在许多微孔[129]。在中压力区，逐渐形成多层吸附，吸附量增加较快，当压力达到饱和蒸气压时，吸附量达到饱和，等温线逐渐变得平缓[130]。CoO 和 ZrO₂ 的摩尔比为 0.25 的催化剂在相对压力接近 0.6，CoO 和 ZrO₂ 的摩尔比为 0.50 的催化剂在相对压力接近 0.5，CoO 和 ZrO₂ 的摩尔比为 0.75 的催化剂在相对压力接近 0.5，CoO 和 ZrO₂ 的摩尔比为 1.00 的催化剂在相对压力接近 0.5，等温线的变化斜率可以达到最大，表明催化剂具有较好的均匀分散性。

　　表 4.3 列出了不同摩尔比下 CoO/ZrO₂ 催化剂的孔结构参数。从表中可以看出，比表面积和孔体积最大的是制备摩尔比为 0.50 的 CoO/ZrO₂ 催化剂。较大的比表面积和孔体积有利于增加反应气体与 CoO/ZrO₂ 催化剂的接触时间，提高水解率。结合催化剂的催化水解实验结果可知，催化剂的比表面积大有利于 CFC-12 和 HCFC-22 的催化水解反应。

表 4.3　复合材料 CoO/ZrO₂ 在不同摩尔比下的孔结构参数

| $n$(CoO)：$n$(ZrO₂) | 比表面积/(m²/g) | 孔体积/(cm³/g) | 平均孔径/nm |
| --- | --- | --- | --- |
| 0.25：1.00 | 55.97 | 0.07 | 4.13 |
| 0.50：1.00 | 68.16 | 0.11 | 5.06 |
| 0.75：1.00 | 40.64 | 0.06 | 4.57 |
| 1.00：1.00 | 40.34 | 0.07 | 5.19 |

5. 热重表征

按 4.2.1 小节方法制备的 $CoO/ZrO_2$ 催化剂，制备条件：$CoO$ 和 $ZrO_2$ 的摩尔比分别为 0.25、0.50、0.75、1.00，焙烧温度为 500℃，焙烧时间为 5 h。对该制备条件下的催化剂进行 TG 分析，结果如图 4.20 所示。

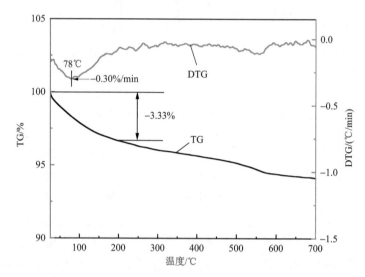

图 4.20　不同摩尔比制备的 $CoO/ZrO_2$ 的热失重-差热分析曲线

由图 4.20 可知，在 200℃之前快速失重，失重量大约为 3.33%，对应为物理吸附水的气化及凝胶的脱水反应过程，在这个阶段，失重速率为 0.30%/min。在 25～700℃ $CoO/ZrO_2$ 催化剂的残余质量为 93.90%，说明在 25～700℃没有明显的热效应，催化剂的质量几乎没有变化，热稳定性较好。

# 4.5　小　　结

(1)本节尝试了用不同方法制备催化剂，用其来催化水解 CFC-12。实验结果表明，采用共沉淀法制备的催化剂，当水解温度为 100℃时，水解率达到 98.81%，采用溶液燃烧法制备的催化剂，当水解温度为 100℃时，水解率仅为 83.06%。

(2)使用单一金属氧化物 $ZrO_2$ 催化水解 CFC-12，当水解温度为 100℃时，最佳催化水解率为 82.44%。

(3)使用单一金属氧化物 $CoO$ 催化水解 CFC-12，当催化水解温度为 100℃时，最佳催化水解率为 80.86%。

（4）使用复合材料 CoO/ZrO₂ 催化水解 CFC-12，当水解温度为 100℃时，达到最佳水解率（98.81%）。实验结果表明，复合后的催化剂的催化活性高于单相的催化活性。

（5）本节还探究了催化剂用量对催化活性的影响。实验表明，催化剂的用量过多或过少都不利于催化水解的进行，当催化剂用量为 1.50 g 时，达到催化水解 CFC-12 的最佳水解率（98% 以上）。

（6）催化水解实验表明，催化剂的制备方法、制备的物料摩尔比、焙烧温度和焙烧时间以及催化剂用量对 CFC-12 的水解率都有一定影响，以水解率为评价标准得出催化剂的最佳制备条件为：制备方法采用共沉淀法，CoO 和 ZrO₂ 的摩尔比为 0.50∶1.00，焙烧温度为 500℃，焙烧时间为 5 h；最佳催化水解条件为：催化剂用量为 1.50 g，催化水解温度为 100℃。

# 第 5 章　TiO₂/ZrO₂ 催化水解 CF₄ 研究

## 5.1　实验仪器及试剂

本章研究主要实验仪器和试剂分别如表 5.1 和表 5.2 所示。

表 5.1　实验仪器

| 序号 | 仪器名称 | 型号 | 生产厂家 |
|---|---|---|---|
| 1 | 流量控制器 | D07 | 北京七星华创科技有限公司 |
| 2 | 流量显示仪 | D08-4F | 北京七星华创科技有限公司 |
| 3 | 集热式恒温加热磁力搅拌器 | DF-101S | 巩义市予华仪器有限责任公司 |
| 4 | 电子天平 | AR224CN | 奥豪斯仪器(上海)有限公司 |
| 5 | 循环水式真空泵 | SHZ-D | 巩义市予华仪器有限责任公司 |
| 6 | 电热恒温干燥箱 | WHL-45B | 天津市泰斯特仪器有限公司 |
| 7 | 马弗炉 | Carbolite CWF 11/5 | 上海上碧实验仪器有限公司 |
| 8 | 石英管 | Φ3 mm×120 cm | 定制 |
| 9 | 管式炉 | LINDBERG BLUE M | 赛默飞世尔科技有限公司 |
| 10 | 气体采样袋 | 0.2 L | 大连海得科技有限公司 |
| 11 | 数显智能控温磁力搅拌器 | SZCL-2 | 巩义市予华仪器有限责任公司 |
| 12 | 傅里叶变换红外光谱仪 | Nicolet iS10 | 赛默飞世尔科技有限公司 |
| 13 | X 射线衍射仪 | D8 Advance | 德国 Bruker 公司 |
| 14 | 气体吸附仪 | BELSORP-max | 麦奇克拜尔有限公司 |
| 15 | 全自动化学吸附仪 | DAS-7200 | 湖南华思仪器有限公司 |

表 5.2　主要原料和试剂

| 序号 | 名称 | 分子式 | 等级 | 生产厂家 |
|---|---|---|---|---|
| 1 | 四氟化碳 | $CF_4$ | — | 大连大特气体有限公司 |
| 2 | 氮气 | $N_2$ | 99.99% | 昆明广瑞达特种气体有限责任公司 |
| 3 | 硝酸锆 | $Zr(NO_3)_4 \cdot 5H_2O$ | R | 上海麦克林生化科技有限公司 |
| 4 | 硫酸钛 | $Ti(SO_4)_2$ | AR | 国药集团化学试剂有限公司 |
| 5 | 25%氨水 | $NH_3 \cdot H_2O$ | AR | 天津市致远化学试剂有限公司 |
| 6 | 无水乙醇 | $CH_3CH_2OH$ | AR | 天津市致远化学试剂有限公司 |
| 7 | 柠檬酸 | $C_6H_8O_7 \cdot H_2O$ | AR | 国药集团化学试剂有限公司 |

# 5.2　实　验　方　法

## 5.2.1　催化剂制备

### 1. ZrO$_2$ 的制备

称取适量的 Zr(NO$_3$)$_4$·5H$_2$O，溶于 150mL 蒸馏水中，在搅拌条件下缓慢滴加 25%氨水溶液直到 pH=9～10，静置陈化 24h，抽滤洗涤后放置干燥箱进行干燥处理。在马弗炉中，将升温速度设定为 5℃/min，加热至 500℃，煅烧 4 h，接着进行研磨，制备出 ZrO$_2$ 催化剂。

### 2. 共沉淀法制备 TiO$_2$/ZrO$_2$

称取适量的 Zr(NO$_3$)$_4$·5H$_2$O 和 Ti(SO$_4$)$_2$，按 $n$(Ti)：$n$(Zr)=1：1 配成 0.15mol/L 的水溶液，水浴加热到 60℃并搅拌使其溶解，在搅拌条件下缓慢滴加 25%氨水溶液直到pH=8～9，出现白色沉淀。继续在700℃下搅拌1h，然后在 700℃ 下陈化9h，抽滤洗涤，所得滤饼在 110℃下干燥12h。分别在 600℃、700℃、800℃ 下焙烧 5h，研磨过筛(20～30 目)，制得 TiO$_2$/ZrO$_2$ 催化剂。

### 3. 溶剂水热法制备 TiO$_2$/ZrO$_2$

称取适量的 Zr(NO$_3$)$_4$·5H$_2$O 和 Ti(SO$_4$)$_2$，在 60℃下水浴搅拌使其溶解，经过 20 min 的充分搅拌，将共混溶液转移至一个容量为 150 mL 的聚四氟乙烯(PTFE)水热反应釜内衬中。随后，将反应釜安放在设定温度为110℃的电热鼓风干燥箱内，进行长达 18 h 的反应。待反应完成后，对反应物进行冷却，并通过抽滤进行分离。最后，将分离后的物质在700℃下进行5 h 的焙烧处理，研磨过筛后制成催化剂。

### 4. 溶胶-凝胶法制备 TiO$_2$/ZrO$_2$

取一定量 Zr(NO$_3$)$_4$·5H$_2$O 和 Ti(SO$_4$)$_2$，在 60℃水浴搅拌下，使其完全溶解于 25 mL 的无水乙醇中。随后，将 30 mL 的 2%模板剂乙醇溶液以及适量 2 mol/L 的柠檬酸乙醇溶液，逐滴加入到 Zr(NO$_3$)$_4$·5H$_2$O 和 Ti(SO$_4$)$_2$ 的混合溶液中，确保充分混合。经过 1 h 的持续搅拌，在液体变成胶状后，将其移至内衬有 150 mL 容量的聚四氟乙烯水热反应釜中。然后，在 120℃的设定温度下，将该水热反应釜放置在一个电热鼓风干燥箱内，使其反应 12 h。在反应结束后，使其自然冷却，再经过过滤，获得滤饼。在 110℃下对滤饼进行 12h 干燥，并在 700℃下焙烧 5h。研磨过筛后制得催化剂。

### 5.2.2　催化剂表征

1. X 射线衍射

为了更好地研究该催化剂的组成结构，使用德国生产的 Bruker D8 Advance X 射线衍射仪对其进行了检测。在实验中，选择铜靶，$K_\alpha$ 源作为靶材料。实验的范围是 $2\theta$ 从 20°到 80°，扫描速率控制在 12°/min，步长 0.01°/s。在此基础上，设计了 40kV 的工作电压，40 mA 的电流，波长 $\lambda$=0.154178 nm。

2. 傅里叶变换红外光谱

利用赛默飞世尔科技有限公司制造的 Nicolet iS10 型智能傅里叶变换红外光谱仪，对催化剂的分子结构进行了深入的分析与确认。在这一过程中，采用了 KBr 压片法进行测试。

3. 扫描电子显微镜表征

为了更好地研究该催化剂的表面形态，使用美国 FEI 公司生产的 NOVA NANOSEM-450 扫描电子显微镜。制备时，先在涂有导电胶黏剂的平板上均匀撒入适量的催化剂，然后用洗耳球进行轻微吹扫，以保证其在试样中的分散均匀。为了提高试样的电导率，对试样进行喷金实验。然后利用 EDS 等手段，确定催化剂中的元素浓度。

4. 能谱表征

使用由 FEI 公司制造的 NOVA NANOSEM-450 能谱分析仪，对样本中的元素成分进行检测和分析。烘干样品，取微量样品均匀分散于导电胶表面进行测样。

5. $NH_3$ 程序升温脱附

样品的表面酸性采用 DAS-7200 高能动态吸附仪测量[154]。在石英管内放置 100mg 的催化剂，然后在 300℃的预处理中进行 30 min 的预处理，其中氢气的流速为 10℃/min。当冷却到 50℃时，预处理结束，氢气变为 $NH_3$。然后，将装有催化剂的石英管在 50℃下进行 1 h 的通风处理，并用纯 $NH_3$ 进行吸附。为了除去过量的 $NH_3$，在 1 h 内以 10 mL/min 的速度进行清洗。然后，以 10℃/min 的速度，从 50℃到 800℃逐步升温。在反应结束之后，为了随后的分析，用热导检测器(TCD)记录 NH₃。通过本项目的实施，可以实现对催化剂进行充分预处理，并对 NH₃ 进行精确的探测。

6. BET N₂ 等温吸附–脱附

借助先进 BELSORP-max 型气体吸附仪，详细地研究了试样的比表面积及孔隙特征。在这一过程中，选用了高纯度的氮气作为吸附介质，以确保分析结果的准确性和可靠性。为了实现这一目的，首先采用 250℃真空冷冻 3h 和–196℃液氮中的静态氮吸收实验，采用 BET 方法和 HK 方法分别求取比表面积和孔体积[155]。

7. X 射线光电子能谱分析

催化剂的元素组成、含量、化学状态、分子结构、原子价态、内层电子束缚能及其化学位移等方面的信息，用 X 射线光电子能谱分析，所用仪器为岛津 AMICUS 型 X 射线光电子能谱仪[156]。在此基础上，本项目拟开展以下研究工作：1～4000eV，能量分辨 0.30eV，UPS 100 meV，空间分辨 1.5μm，分析腔真空 2×10⁻¹⁰ mbar。

### 5.2.3　实验流程

称取 1.5g TiO₂/ZrO₂ 复合材料和 50g 石英砂，在外力作用下使催化剂和石英砂均匀地在石英管内填充，用石英棉固定住石英砂混合的催化剂。在水蒸气和催化剂同时存在的条件下，四氟化碳发生水解反应产生 HF 和 CO₂，用 Ca(OH)₂ 溶液吸收，吸收后的尾气通过变色硅胶进行干燥处理。等待到达反应所需的条件并反应 15 min 后用气体采样袋收集，然后用气相色谱–质谱联用仪对采集的气体进行定量和定性分析。反应装置如图 5.1 所示。

$$CF_4 + 2H_2O \xrightarrow{\text{催化剂}} CO_2 + 4HF \tag{5.1}$$

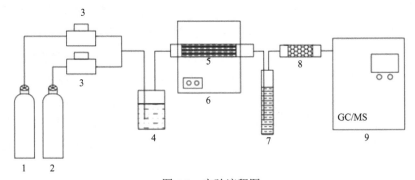

图 5.1　实验流程图

1. CF₄；2. N₂；3. 质量流量控制仪；4. 水蒸气发生装置；5. 催化反应床层；6. 管式炉；7. Ca(OH)₂ 吸收瓶；8. 变色硅胶干燥；9. 气相–质谱仪

### 5.2.4　检测方法

用气相色谱-质谱联用仪对已处理的气体进行定性和定量分析。采用的是美国赛默飞世尔科技有限公司制造的 Thermo Fisher(ISQ) 气相色谱-质谱联用仪(GC/MS)，此仪器在业界具有广泛的应用和认可。色谱柱方面，选用了赛默飞世尔科技有限公司生产的毛细管柱，型号为 260B142P，材质为 100%二甲基聚硅氧烷，这一选择旨在确保分析的准确性和可靠性。

在色谱柱测试前，设定了特定的老化条件以确保其性能稳定。首先，载气流速被设定为 1 mL/min，柱温在 50℃保持 1 min，随后以 3.0℃/min 的速率逐渐升温至 230℃并保持 20 min，接着再以相同的速率升温至 300℃并保持 30 min。这一升温过程循环数次，直至仪器状态稳定。当仪器稳定后，进一步设置了 GC/MS 的检测条件。进样口温度设定为 80℃，柱体温度维持在 35℃，停留时间设为 2 min。载气选用高纯度氦气(氦气含量超过 99.99%)，在恒流模式下，气流速率精确设定为 1.00 cm³/min，分流比则设置为 140：1。在质谱检测器中，电离源的温度控制在 260℃，离子传输杆的温度则设定为 280℃。每次分析的样品进样量为 0.1mL。在这些条件下，对处理后的气体进行了精确的定性和定量分析，并通过计算 $CF_4$ 的水解率来评估催化水解的效果。水解率的计算公式如下：

$$CF_4水解率 = \frac{CF_4入口峰面积 - CF_4出口峰面积}{CF_4入口峰面积} \times 100\% \tag{5.2}$$

## 5.3　复合材料 $TiO_2/ZrO_2$ 催化水解 $CF_4$

### 5.3.1　引言

全氟化碳(PFCs)，是碳氢化合物中的氢原子被氟原子完全取代形成的碳氟化合物。PFCs 气体具有极强的红外吸收能力，并且在大气中稳定存在时间非常久，是一类强温室气体[157,158]。而在 PFCs 家族中，四氟化碳($CF_4$)是大气中含量最高、结构最稳定的氟化物[159]。本节主要研究了复合材料 $TiO_2/ZrO_2$ 的制备方法，以及煅烧温度和时间、沉淀环境的 pH、Ti/Zr 摩尔比等因素对 $CF_4$ 水解性能的作用。同时还研究了催化剂使用剂量和反应气体总流速在催化水解过程中产生的影响。结合 XRD、$N_2$ 等温吸附-脱附、XPS 和 FTIR 等表征技术，研究催化剂结构与催化性能之间的相互联系。

### 5.3.2　单一金属氧化物 TiO$_2$ 催化水解 CF$_4$

由图 5.2 可知，TiO$_2$ 对 CF$_4$ 的催化水解性能表现不佳，在 300℃催化水解条件下效果最大，只有 68.26%。随着催化温度的增加，水解率迅速减低，可能因为 TiO$_2$ 的耐热性能不佳，加热易使其中间布局发生变化，导致催化效果下降。TiO$_2$ 的稳定性较差，因此不适于作为水解 CF$_4$ 的催化剂。为了达到更高的水解效率，需要对所选取的催化剂进行优化。

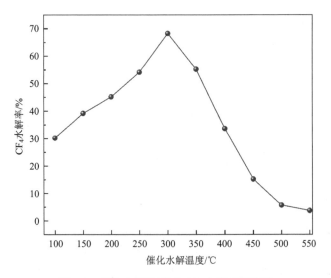

图 5.2　催化水解温度对 CF$_4$ 水解率的影响

### 5.3.3　单一金属氧化物 ZrO$_2$ 催化水解 CF$_4$

如图 5.3 所示，ZrO$_2$ 作为催化剂在催化水解 CF$_4$ 的过程中表现并不理想。在 300℃的反应条件下，其最大水解率仅为 63.38%，这远未达到预期的效果。通过程序升温实验，发现随着催化水解温度的升高，水解率反而呈现出先上升后下降的趋势，这表明单纯提高温度并非提升 ZrO$_2$ 催化效果的有效方法。

鉴于 TiO$_2$ 在水解反应中展现出的活性，得出了一个创新的思路：将 ZrO$_2$ 作为载体，在其上负载 TiO$_2$ 作为活性组分。这样做不仅可以结合两者的优点，还可能通过协同效应进一步提升催化水解的效率。这一设想为后续的实验提供了重要方向，有望为 CF$_4$ 的高效催化水解找到新的解决方案。

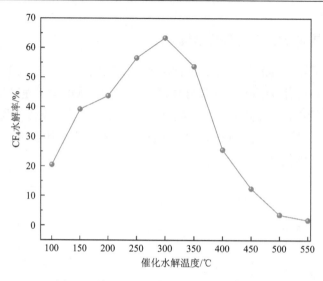

图 5.3　催化水解温度对 $CF_4$ 水解率的影响

### 5.3.4　$TiO_2/ZrO_2$ 制备条件对 $CF_4$ 水解率影响

#### 1. 制备方法

制备过程中制备方法是一个关键的因素，不同的制备方法会影响活性组分的掺杂分布和结构稳定性，从而会影响钛锆催化剂的催化活性。实验采用了溶剂水热、溶胶-凝胶和共沉淀三种方法制备 $TiO_2/ZrO_2$ 催化剂，并且结合 XRD 表征测试分析讨论其对 $CF_4$ 去除率的影响。

图 5.4 为三种方法制备的催化剂的 XRD 图谱。如图所示，$TiO_2/ZrO_2$ 复合物相主体是 TiZrO，在测试期间未探测到与钛锆化合物晶型有关的所有衍射峰，TiZrO 峰的信号值均出现在 24.7°、30.5°、37.5°、53.6° 和 60.9° 等处（PDF ＃ 74-1504）。共沉淀制备方法形成的衍射峰的峰形最尖锐且半峰宽比较窄，说明该方法制备的钛锆催化剂的晶型趋于完整；溶胶-凝胶法制备的催化剂强度较弱，衍射峰较宽，可以看出其分散度较高；而溶剂水热法制备的催化剂半峰宽相比于共沉淀制备方法略宽，强度较弱。

采用扫描电子显微镜观察了不同制备方法下催化剂的表面形貌，结果如图 5.5 所示。观察发现，溶剂水热法制备的催化剂表面呈现出坚固的块状结构，整体平滑且无明显的裂纹。而共沉淀法制备的催化剂表面呈现出丰富的孔隙结构，利于催化剂与气体发生接触反应。此外，溶胶-凝胶法制备的样品表面较粗糙，分布着絮状颗粒。

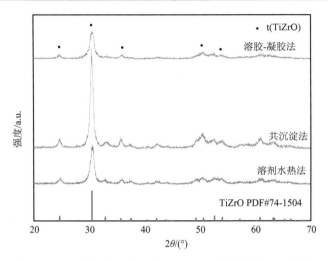

图 5.4　不同制备方法制备的 TiO₂/ZrO₂ 催化剂的 XRD 图谱

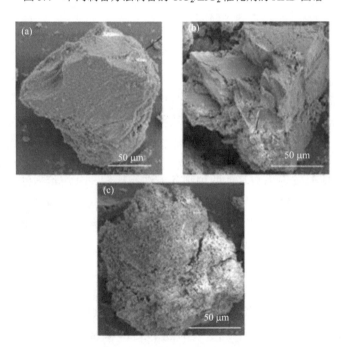

图 5.5　不同制备方法制备的 TiO₂/ZrO₂ 催化剂的 SEM 图
(a)溶剂水热法；(b)共沉淀法；(c)溶胶-凝胶法

TiO₂/ZrO₂ 催化剂按照共沉淀法、溶剂水热法和溶胶-凝胶法制备 ，研究了它们在 CF₄ 催化水解中的应用。用共沉淀法和溶剂水热法合成了不同类型的催化剂，并对其催化性能进行了测试，实验的结果显示在图 5.6 中。由图 5.6 可知，随反应温度的增加，$CF_4$ 的脱除效果先上升后逐渐下降。采用溶剂水热法合成的催化水解 $CF_4$ 的催化剂，在 300℃催化水解效果最好，可达 55.68%。采用共沉淀法制得的催化剂，在 300℃时催化水解 $CF_4$ 的转化率可达 99.54%。结果显示，用共沉淀法合成的催化剂处理 $CF_4$ 比溶剂水热法具有更好的水解效果。后续实验以共沉淀制备方法为基础做进一步研究。

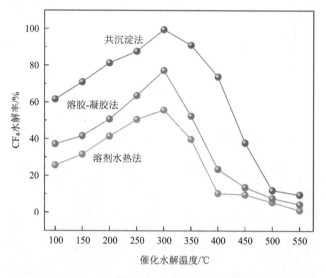

图 5.6　制备方法对 $CF_4$ 水解率的影响

　　通过以上探究发现，与其他两种制备方法相比较，共沉淀方法制备的催化剂的衍射峰的峰形最尖锐且半峰宽比较窄，表面具有丰富的孔隙结构。在水解反应过程中，晶型完整和孔隙结构更丰富的催化剂有利于与 $CF_4$ 发生接触反应。因此，接下来的实验将以共沉淀法为主要方法来制备催化剂。

　　2. 焙烧温度

　　图 5.7 为三个不同焙烧温度条件下制备的 $TiO_2/ZrO_2$ 的 XRD 图谱。从图中可以看出，三个样品仅在 24.7°、30.5°、37.5°、53.6°和 60.9°处出现 $TiO_2/ZrO_2$ 的特征峰（PDF＃74-1504），没有发现 $TiO_2$ 晶相的特征峰。这说明 $TiO_2$ 均匀分散到了 $ZrO_2$ 的孔道内部，由此生成了 $TiO_2/ZrO_2$ 催化剂。当焙烧温度从 600℃上升到 700℃时，催化剂的特征信号峰变化不是很明显，仔细观察发现信号峰的强度有所提高。当焙烧温度上升到 800℃时，催化剂晶相的特征峰半峰宽增加。结合 BET 表征联系分析，原因在于催化剂经过高温焙烧后，造成比表面积下降，晶粒增大。

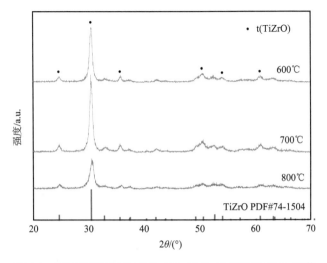

图 5.7　不同焙烧温度制备的 TiO₂/ZrO₂ 催化剂的 XRD 图谱

表 5.3 列出了催化剂在不同煅烧温度下 TiZrO 相晶粒尺寸的变化。观察数据发现，在煅烧温度从 600℃升至 700℃的过程中，TiZrO 相的晶胞生长受到抑制，同时其在催化剂中的分散度得到提升。这种变化为催化反应提供了更多的活性位点。在 700℃时，催化水解的效率达到了峰值。当煅烧温度进一步升高至 800℃时，TiZrO 相的晶粒尺寸开始显著增大，金属粒子出现聚集现象，导致催化剂分散性降低，从而影响了其催化活性，使水解效率下降。由此看出水解率和晶粒尺寸之间相互关联。

表 5.3　不同煅烧温度下的晶粒尺寸

| 焙烧温度/℃ | 600 | 700 | 800 |
| --- | --- | --- | --- |
| TiZrO/nm | 84 | 65 | 93 |

通过氮气等温吸附-脱附实验，研究了不同煅烧温度对催化剂比表面积和孔径结构的影响。图 5.8 中显示了在不同煅烧温度下的 TiO₂/ZrO₂ 复合物的氮气吸附-脱附等温线，并通过 HK 方法对其进行分析计算。

如图 5.8 所示，不同焙烧温度下的催化剂在吸附-脱附等温实验中呈现典型的 I 型和 II 型等温线组合，并同时具有 H4 型滞回环现象。H4 滞回环的形成是由多孔吸附体和均匀颗粒排列相互作用引起的[160]，可从数据图表中观察到，催化剂的孔径分布在＜2nm，属于微孔结构。在低压区域，吸附-脱附等温线呈现出与 $y$ 轴偏离的趋势，表明催化剂与氮气之间存在显著相互作用，暗示着催化剂内含有大量微孔结构。随着压力升高至中压区域，吸附量迅速增加，当压力达到饱和蒸气压时，吸附量达到饱和状态，等温线急剧上升[161,162]。

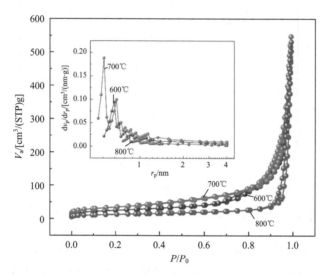

图 5.8　不同焙烧温度制备的 $TiO_2/ZrO_2$ 催化剂的 $N_2$ 吸附-脱附等温线和孔径分布(插图)

表 5.4 展示了不同焙烧温度下催化剂孔结构的参数。催化剂的比表面积对水解性能起到关键作用，其随着焙烧温度升高而先增大后减小。当焙烧温度达到 700℃ 时，混合催化剂的比表面积和孔体积达到最大值。可见，温度高低对孔结构有重要影响。结合水解效果，较大的比表面积和孔体积有利于延长 $CF_4$ 与催化剂的接触时间，从而提高水解率。

表 5.4　不同焙烧温度制备的 $TiO_2/ZrO_2$ 催化剂的孔结构参数

| 焙烧温度/℃ | BET 比表面积/($m^2$/g) | 孔体积/($cm^3$/g) | 孔径/nm |
| --- | --- | --- | --- |
| 600 | 87.057 | 0.7493 | 0.66 |
| 700 | 120.81 | 0.8331 | 0.84 |
| 800 | 44.836 | 0.5485 | 0.56 |

催化剂制备条件：焙烧温度分别为 600℃、700℃、800℃，焙烧时间为 4 h。对不同焙烧温度的 $TiO_2/ZrO_2$ 复合催化剂进行傅里叶变换红外光谱分析，结果如图 5.9 所示。从图中可以看出，在 3420.46$cm^{-1}$ 处出现的强宽频带是由于—OH 或者水分子的振动。当温度由 600℃上升到 800℃时，羟基的峰强度明显下降。这可能是随着处理温度的不断升高，—OH 会以水蒸气的形式被去除，导致催化剂

内部氧元素的缺失,各个原子会重新组合。波长为1627.94cm$^{-1}$对应游离态的C=O
伸缩振动峰。

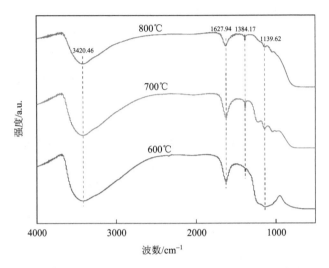

图 5.9　不同焙烧温度制备的 TiO₂/ZrO₂ 的红外光谱图

　　将制备的催化剂用于催化水解 CF₄。催化剂的焙烧温度分别为 600℃、650℃、700℃、750℃、800℃,焙烧时间为 5 h。对不同煅烧温度下制备催化剂的性能进行分析,所得结果显示在图 5.10 中。随着煅烧温度的增加,CF₄的水解

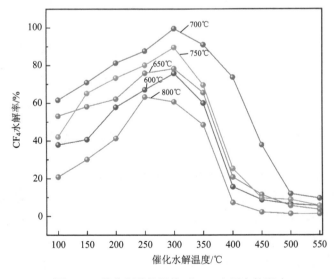

图 5.10　催化剂焙烧温度对 CF₄ 水解率的影响

率逐渐增大，接着逐渐减小。在 600℃的煅烧温度和 300℃的催化水解温度条件下，CF₄的水解率可达 80.83%。原因可能是 600℃下焙烧制备的催化剂结构不稳定，导致催化剂的催化活性不高。在 700℃的煅烧温度和 300℃的催化水解温度条件下，CF₄的水解率可达 99.54%。随着煅烧温度的提高，水解率逐渐减小，700℃以上煅烧温度迅速减小。过高的煅烧温度会使催化剂发生团聚而使其活性下降，所以超过 700℃后，催化剂的性能会下降，从而使 CF₄的分解性能变差。

3. 焙烧时间

图 5.11 为三个不同焙烧时间条件下制备的 TiO₂/ZrO₂ 的 XRD 图谱。不同焙烧时间的催化剂仅在 24.7°、30.5°、37.5°、53.6°和 60.9°处出现了 TiZrO 的晶体峰（PDF #74-1504）。结果表明，煅烧时间对催化剂中的活性成分结晶没有影响。但是随着焙烧时间的延长，衍射峰的位置没有发生改变，强度随之增加，变得更尖锐，说明催化剂出现烧结现象，晶粒增大。

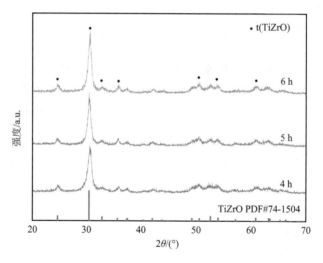

图 5.11　不同焙烧时间的 TiO₂/ZrO₂ 催化剂的 XRD 图谱

选择焙烧温度为 700℃，焙烧时间分别为 4h、4.5h、5h、5.5 h、6h，考察焙烧时间对 TiO₂/ZrO₂ 催化剂催化性能的影响。如图 5.12 所示，随着焙烧时间的延长，CF₄ 的水解率呈先上升后下降的趋势。当焙烧时间为 4 h，催化水解温度为 300℃时，CF₄水解率达到 73.65%。在焙烧时间为 5 h 时，水解率上升到 99.54 %，此条件下的催化活性较高。然而，将焙烧时间延长至 6h，水解率降低。这说明焙烧时间低于 4h 时，不利于催化剂催化水解 CF₄。当焙烧时间大于 5h，焙烧时间越长，催化剂的催化活性越低。

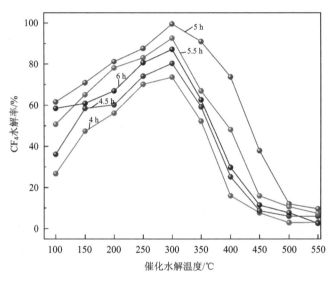

图 5.12　催化剂焙烧时间对 CF₄ 水解率的影响

通过以上探究发现，采用共沉淀法制备 TiO₂/ZrO₂ 催化剂时，当焙烧温度为 700℃，焙烧时间为 5 h 时，催化剂的催化性能最好。高温焙烧可以去除催化剂表面多余的杂质，同时也可以增加催化剂的比表面积和孔体积，暴露出更多的活性位点。但是过高的温度会使催化剂存在烧结的情况，比表面积变小，不利于反应的发生。后续实验采用 700℃ 、5h 作为最佳的焙烧条件。

4. 沉淀环境 pH

在催化剂的制备过程中，催化剂中各个组分的作用方式和沉淀方法会受 pH 大小的影响。在强酸性情况下，制备溶液中与羟基配位的数量较少，沉淀物质的结构存在差异，从而导致催化剂会有不一样的活性。当碱性较强时，生成的沉淀会发生团聚现象，沉淀粒子偏大。考虑到 pH 对催化剂的制备存在重要影响，通过加入氨水沉淀剂来调整样品的沉淀环境，制备出不同的催化剂，并进行 XRD、N₂ 吸附-脱附和 FTIR 表征分析，考察其对 CF₄ 水解率的影响。

图 5.13 是对不同 pH 沉淀环境下制备的 TiO₂/ZrO₂ 进行 XRD 表征测试。如图所示，三个制备的样品仅在 24.7°、30.5°、37.5°、53.6° 和 60.9° 处出现 TiO₂/ZrO₂ 的特征峰（PDF＃74-1504）。随着 pH 升高到 8 时，样品的衍射峰强度也随之升高，半峰宽变窄。因为溶液中的 OH⁻浓度增加，溶液中的 Zr⁴⁺ 和 Ti⁴⁺ 形成沉淀固定下

来，形成活性组分。pH 上升到 11 时，催化剂的晶型发生减弱，可能是因为 pH
过高造成产物的粒径分布不均。

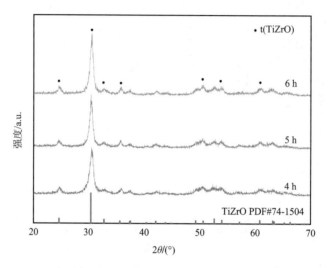

图 5.13　不同 pH 下制备的 $TiO_2/ZrO_2$ 催化剂的 XRD 图谱

　　为了讨论催化剂制备过程中不同钛锆摩尔比对催化剂比表面积及孔径分布的
影响，将催化剂进行了 $N_2$ 等温吸附-脱附分析。图 5.14 所示为不同 pH 条件下制
备的 $TiO_2/ZrO_2$ 复合材料的 $N_2$ 吸附-脱附等温线，并用 HK 法计算得到催化剂的
孔径分布。

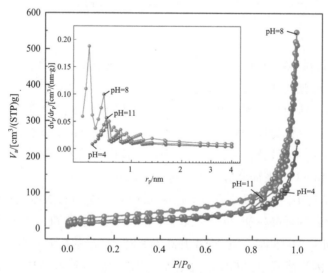

图 5.14　不同 pH 条件下制备的 $TiO_2/ZrO_2$ 催化剂的 $N_2$ 吸附-脱附等温线和孔径分布(插图)

如图 5.14 所示，按照 IUPAC 等级标准，在各种 pH 下合成得到的催化剂的 N$_2$ 吸附-脱附等温线是典型的Ⅰ、Ⅱ类型等温线，并具有 H4 型滞回环。在吸附过程中，存在着 H4 滞回环现象，这主要是因为吸附剂的多孔性及均一的粒子间的相互填充。在 pH 为 4 和 11 时，可以看出催化剂的微孔分布较少，pH 为 8 时比表面积为 120.81m$^2$/g，远大于 pH 为 4 和 11(58.071 m$^2$/g 和 80.33m$^2$/g)。结合 XRD 表征和水解率分析图，说明沉淀环境的 pH 对催化剂的比表面积有很大影响。在低压力区，吸脱-脱附等温线与 $y$ 轴线方向有一定的偏差，显示催化剂内部有较多的微孔隙。在中压力区，当 pH 为 4 时，附着速率增大迟缓，说明过低的温度不利于催化剂的孔径生成，对后续的水解反应存在影响。因此，制备催化剂的最适 pH 为 8。

不同 pH 的催化剂孔结构参数如表 5.5 所示。催化剂的比表面积随 pH 的升高先增大后变小。当 pH 达到 8 时，复合催化剂的比表面积和孔体积最大，孔径结构没有发生较大变化。由此可以看出，沉淀环境的 pH 对于孔结构的形成有着关键作用。在此基础上，提出利用高比表面积、大孔体积来延长催化剂与 CF$_4$ 的触及时间，以促进水解反应的效果。

表 5.5　不同 pH 条件下制备的 TiO$_2$/ZrO$_2$ 催化剂的孔结构参数

| pH | BET 比表面积/(m$^2$/g) | 孔体积/(cm$^3$/g) | 孔径/nm |
|---|---|---|---|
| 4 | 58.071 | 0.3524 | 0.74 |
| 8 | 120.81 | 0.8331 | 0.84 |
| 11 | 80.33 | 0.7127 | 0.71 |

从图 5.15 可以看出，当沉积环境 pH 从 4 上升至 10 时，CF$_4$ 的去除能力先上升后下降。当 pH 降至 4 时，催化剂对 CF$_4$ 的水解率仅可达到 59.22%，当 pH 上升至 8 时，达到了本实验的最佳水解率(99.54%)。随着 pH 上升至 11 时，催化活性急剧下降至 70.15%。当处于强酸性环境时，导致沉淀不够完全，羧基和金属离子未完全配位；而在强碱性条件下，使沉积物到达饱和再消失。因此，当沉积环境 pH 为 8 时，催化剂对 CF$_4$ 的催化水解具有更好去除效果。

通过以上探究发现，采用共沉淀法制备 TiO$_2$/ZrO$_2$ 催化剂时，当沉淀环境 pH=8 时，催化剂的催化性能是最好的，pH 过低时会造成晶体的生长速率过慢，结晶不够完全，使得催化剂的比表面积变小；pH 过高时溶液中有大量残余的离子，不能实现很好的固溶，从而影响催化性能。因此，在随后的实验中催化剂制备的沉淀环境 pH 为 8。

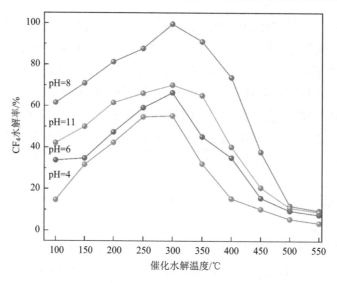

图 5.15    沉淀环境 pH 对 $CF_4$ 水解率影响

### 5. 金属的摩尔比

不同的摩尔比会使催化剂发生晶体的转移，结构被重新构造，使晶格发生变化[163]，从而对 $CF_4$ 的催化水解率产生影响。在上述研究条件下，制备了不同 Ti/Zr 摩尔比的催化剂，并进行 XRD、$N_2$ 吸附-脱附、FTIR、$NH_3$-TPD 和 XPS 表征分析，考察其对 $CF_4$ 水解率的影响。

图 5.16 是不同金属的摩尔比下制备的 $TiO_2/ZrO_2$ 的 XRD 图谱。从图中可以看出，催化剂在 24.7°、30.5°、37.5°、53.6°和 60.9°处出现 $TiO_2/ZrO_2$ 的特征峰（PDF#74-1504）。当 Ti/Zr 摩尔比为 1 时催化剂的衍射峰的峰形最完整并且尖锐，可以看出该摩尔比条件下催化剂的结晶度更高。随着钛元素的增加或者减少，其衍射峰不断减弱，峰形由窄变宽。可以看出，钛元素的过多或者过少都不利于晶体的生长。

为了讨论催化剂制备过程中不同钛锆摩尔比对其比表面积及孔径分布的影响，将催化剂进行了 $N_2$ 吸附-脱附分析。图 5.17 所示为不同钛锆摩尔比条件下制备 $TiO_2/ZrO_2$ 复合材料的 $N_2$ 吸附-脱附等温线，并用 HK 法计算得到催化剂的孔径分布。

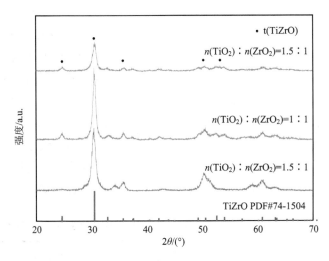

图 5.16　不同摩尔比的 TiO₂/ZrO₂ 催化剂的 XRD 图谱

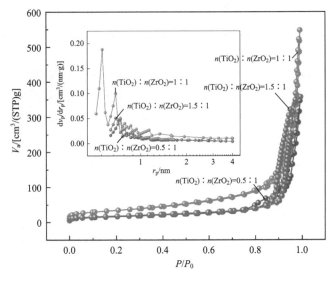

图 5.17　不同摩尔比条件下制备 TiO₂/ZrO₂ 催化剂的 N₂ 吸附-脱附等温线和孔径分布(插图)

　　如图 5.17 所示，按照 IUPAC 分级标准，其吸附-脱附等温线在不同钛锆摩尔比下呈现典型的 Ⅰ、Ⅱ 型等温线的结合，且具有较大的滞后效应。在钛锆摩尔比为 0.5∶1 和 1.5∶1 时，催化剂存在的微孔较少，当钛锆摩尔比为 1∶1 时比表面积为 120.81 m²/g，远大于摩尔比为 0.5∶1 和 1.5∶1(57.681 m²/g 和 63.791 m²/g)。这说明钛元素的加入使小颗粒聚集在一起形成较大的团簇而堵塞原始孔隙，导致比表面积减小。在低压力区，由于催化剂中存在大量的微孔，氮气与催化剂之间存在较强的相互作用，使得吸附-脱附等温线与 $y$ 轴方向发生偏移[164]。当压力逐步增大到中压力区时，形成了分层吸附，吸附量迅速增大，吸附-脱附等温线与 $y$ 轴方向相背离。当摩尔比 1∶1 时，等温线在相对压力达到 0.9 时变得更大，这表明在该条件下制备的催化剂均一性较好。通过对 $CF_4$ 的催化水解研究发现当摩尔比 1∶1 时，催化剂具有最佳的水解效果。

表 5.6 中给出了不同摩尔比下 $TiO_2/ZrO_2$ 复合催化剂的孔道结构参数。从表中可以看出，当金属摩尔比为 0.5∶1 与 1.5∶1 时，比表面积近乎相似。金属摩尔比为 1∶1 的催化剂的比表面积较大，孔径结构在不同摩尔比的制备条件下几乎相近。这说明金属摩尔比在催化剂制备过程中会影响其孔结构形成。

表 5.6　不同摩尔比条件下制备 $TiO_2/ZrO_2$ 催化剂的孔结构参数

| 摩尔比 | BET 比表面积/($m^2$/g) | 孔体积/($cm^3$/g) | 孔径/nm |
|---|---|---|---|
| 0.5∶1 | 57.681 | 0.5247 | 0.74 |
| 1∶1 | 120.81 | 0.8331 | 0.84 |
| 1.5∶1 | 63.791 | 0.5485 | 0.69 |

为了研究金属摩尔比对催化剂表面酸性性质的影响，将催化剂进行 $NH_3$-TPD 表征分析。图 5.18 所示为不同钛锆摩尔比条件下制备 $TiO_2/ZrO_2$ 复合材料的 $NH_3$-TPD 吸脱附曲线，催化剂制备条件：焙烧温度为 700℃，焙烧时间为 5h，沉淀环境 pH=8。

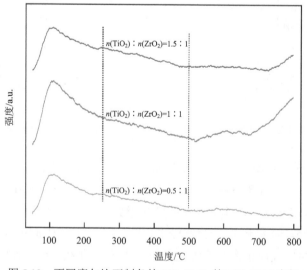

图 5.18　不同摩尔比下制备的 $TiO_2/ZrO_2$ 的 $NH_3$-TPD 表征

　　NH₃-TPD 实验用于研究催化剂的酸性性质,结果如图 5.18 所示。在 50～800℃
处观察到解吸的 NH₃,根据 NH₃ 物质热稳定性的不同及脱附温度的不同,考虑了
三种酸性位点:弱酸性位点($T<250$℃),中等酸性位点($250$℃$<T<400$℃) 和强
酸性位点($T>400$℃),这些表明存在不同的酸性位点[165,166]。结果表明,在三种
金属摩尔比下制备的催化剂在 110℃时出现了明显的吸脱附现象,这是属于
TiO₂/ZrO₂ 表面的弱酸性脱附峰。与其他催化剂相比,摩尔比为 1 的催化剂在弱酸
性区域中 NH₃ 脱附峰值的面积更大,另外两个催化剂的 NH₃ 的脱附峰面积相差
不大。物质的量比为 1 的催化剂在 550～650℃出现一个吸附脱附峰,属于 NH₃
的强酸解吸附峰。按照 origin 积分区域得知,物质的量比为 1 的催化剂比其他金
属比例的催化剂具有更高的酸性。这说明钛元素的加入可以增加 TiO₂/ZrO₂ 催化
剂表面的酸性位点的含量[167,168]。结合催化水解 CF₄ 的实验可知,物质的量比为 1
的催化剂的催化性能高于其他条件下的催化剂。这说明催化剂的酸性位点含量越
高越有利于 CF₄ 中 C—F 键的断裂。

　　催化剂制备条件:焙烧温度为 700℃,焙烧时间为 5h,催化剂的沉淀环境 pH
为 8,对不同金属摩尔比的 TiO₂/ZrO₂ 复合催化剂进行红外分析,结果如图 5.19
所示。在 3420.46 cm⁻¹ 处出现的强宽频带是由—OH 或者水分子的振动产生。波长
为 1627.94 cm⁻¹ 对应的是游离态的 C=O 伸缩振动峰。在光谱分析图中 3550cm⁻¹ 处,
无自由羧基氧氢伸缩峰出现,由此表明在合成反应中,$Zr^{4+}$ 与 $Ti^{4+}$ 之间存在配位作
用,为催化反应提供了活性组分。

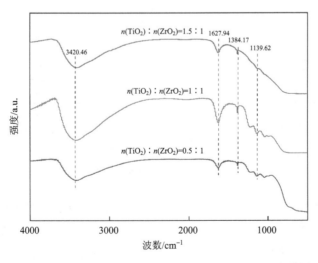

图 5.19　不同摩尔比条件下制备的 TiO₂/ZrO₂ 的红外光谱图

为了深入了解催化剂的表面化学成分，对不同摩尔比制备的催化剂进行了 X 射线光电子能谱（XPS）分析。由图 5.20（a）可知，催化剂的主要元素为 Ti、Zr、O，其中 C 元素的存在，是由暴露在大气环境下表面污染造成的，且这种表面污染情况在样品测试过程中普遍存在。如图 5.20（b）所示，在 Zr 3d 的光谱图中，Zr 存在双峰，其结合能分别为 181.9eV、184.3eV，这是典型的 $ZrO_2$ 峰。此双峰由 Zr 的自旋轨道分裂而产生，在结合能为 181.9eV 处的峰是 $ZrO_2$ 的 $3d_{5/2}$ 峰，在 184.3eV 处的峰是 $ZrO_2$ 的 $3d_{3/2}$ 峰，说明催化剂中 Zr 仅以 $ZrO_2$ 形式存在。

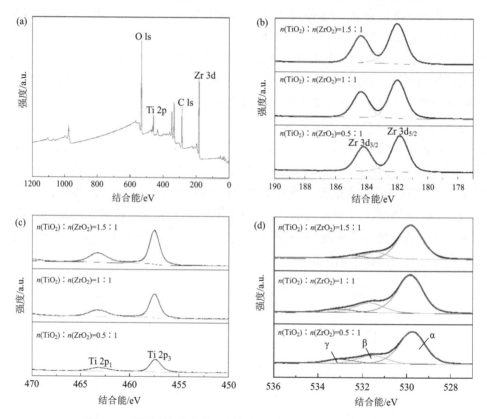

图 5.20　不同摩尔比条件下制备的 $TiO_2/ZrO_2$ 催化剂的 XPS 图
(a)催化剂反应前的全谱图；(b)Zr 3d；(c)Ti 2p；(d)O 1s

对 Ti 三维核能级光谱的分析表明，所选用的所有不同配比的样品中具有 Ti $2p_{3/2}$（457.6eV）和 Ti $2p_{1/2}$（463.4eV）的 $Ti^{4+}$ 信号峰，在 Ti 元素不断增加的情况下，通过峰面积的半定量计算，可以看出 Ti 元素峰的强度也随之增加。由于 Ti 在 Zr—O—Ti 键中具有更高的电负性，这些结合能高于本体 $ZrO_2$ 的结合能，预计

Zr 周围的 Ti—O 键将比 Zr—O 键环境产生更多的电子密度，从而在 Zr 位点产生更多的正电荷，增加催化剂上路易斯酸位点的数量和强度，这与 NH₃-TPD 的结果显示出了良好的一致性[169]。

从图 5.20(d) 可以看出，在 O 1s 光谱中，经过拟合处理后，存在 529.5 eV($O_\alpha$)、531.2eV($O_\beta$) 和 532.3eV($O_\gamma$) 三个峰，在结合能为 529.5eV 处的峰为晶格氧($O_\alpha$)、531.2eV 处为表面吸附氧 $O_\beta$($O^{2-}$、$O^-$ 和 OH 基团)、532.3eV 处为催化剂表面吸附分子氧($O_\gamma$)[170]。表面化学吸附氧和吸附分子氧的存在有利于催化剂表面形成氧空位[171]。表 5.7 结果显示，($O_\beta$+$O_\gamma$)/$O_\alpha$ 的数值由钛锆比例的增加由 39.20 随后减少至 21.70。

表 5.7    不同摩尔比制备的 TiO₂/ZrO₂ 催化剂的 O 1s 谱图结果

| 摩尔比 | 含量/mol% | | | $\dfrac{O_\beta+O_\gamma}{O_\alpha}$ / % |
|---|---|---|---|---|
| | $O_\alpha$ | $O_\beta$ | $O_\gamma$ | |
| 0.5 | 71.84 | 18.66 | 9.50 | 39.20 |
| 1 | 72.38 | 20.19 | 7.43 | 38.16 |
| 1.5 | 82.17 | 12.73 | 5.1 | 21.70 |

如图 5.21 所示，随着水解温度的增加，TiO₂/ZrO₂ 中不同金属配比对 CF₄ 的水解率降低。在 300℃ 的水解温度下，CF₄ 可得到 99.54% 的水解效果。在金属摩

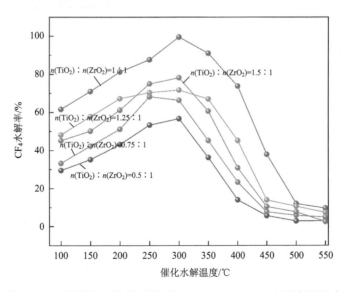

图 5.21    不同摩尔比条件下制备的 TiO₂/ZrO₂ 对 CF₄ 水解率的影响

尔比从 0.5 上升至 1.5 的条件下，CF$_4$ 水解率表现为先增大后减小的变化；在摩尔比为 1 和 300℃ 的催化水解条件下，得到了最大的水解率，而当摩尔比大于 1 或小于 1 时，水解率均有所减小。结果表明摩尔比的过高或过低都不利于水解反应的进行，由此可以看出 TiO$_2$ 的掺入大大影响了催化剂的催化活性。

　　通过以上探究发现，XRD 的表征结果表明摩尔比为 1 的 TiO$_2$/ZrO$_2$ 催化剂，衍射峰的峰形最尖锐，结晶度更高。N$_2$ 等温吸附-脱附分析表明，在此反应条件下合成的催化剂具备的比表面积大，孔道尺寸均匀，促进 CF$_4$ 在催化剂表面的扩散和传质，使其易于吸附于催化剂表面，以进行催化水解反应。金属摩尔比为 1 的催化剂比其他金属摩尔比的催化剂具有更强的酸性。XPS 表征结果表明催化剂中 Zr 仅以 ZrO$_2$ 形式存在，表面化学吸附氧和吸附分子氧的存在是催化剂表面生成氧空位的主要原因。因此，摩尔比为 1 的催化剂催化活性高，后续实验采用制备条件钛锆摩尔比为 1：1 的催化剂。

## 5.4　水解反应条件对 CF$_4$ 水解率影响

### 5.4.1　催化剂用量

　　如图 5.22 所示，当催化剂的用量小于 1.50 g 时，其对 CF$_4$ 的催化水解作用并不能获得令人满意的结果。这主要是因为催化剂添加量过小，不能为 CF$_4$ 提供更多的活化位，从而导致 CF$_4$ 的水解率不高。当催化剂添加量为 1.50 g 时，CF$_4$ 的水

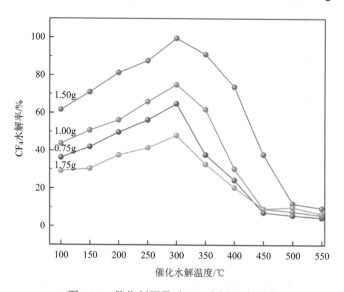

图 5.22　催化剂用量对 CF$_4$ 水解率的影响

解率高达 99.54%，而当催化剂加入量继续增大时，水解效果明显跌落。这主要是因为过量使用催化剂，催化剂易团聚、析出，从而导致气/催化剂的接触面积减少，反应时间缩短，进而导致水解率下降。

### 5.4.2　总流速

不同气体流速对 CF₄ 水解率的影响如图 5.23 所示。随着反应气体的总流速由 5mL/min 上升至 25mL/min，CF₄ 的水解率先增加后减小。当总流速达到 10mL/min 时，水解率达到 99.54%，继续增大流速时，水解率随之降低。若气体流速不高，进入反应床时未能有效接触催化剂表面以发生水解，增加混合气体的总流速会缩短水解气体和催化剂的反应时间，从而降低水解率。因此，本节实验后续采用的气体总流速为 10mL/min。

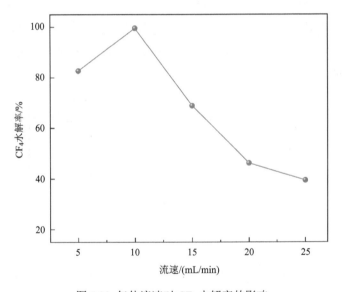

图 5.23　气体流速对 CF₄ 水解率的影响

## 5.5　TiO₂/ZrO₂ 催化水解失活机理及再生研究

本节为了探究 TiO₂/ZrO₂ 在催化水解四氟化碳过程中失活的原因，对反应过后的失活产物进行了 XRD、BET、SEM、EDS、NH₃-TPD 和 XPS 表征分析。并与反应前的催化剂形成表征对比分析，完成 TiO₂/ZrO₂ 催化水解四氟化碳的机理探究，为制备具有较强稳定性的催化剂提供一定参考。

### 5.5.1　TiO₂/ZrO₂ 表征

#### 1. X 射线衍射表征

为了探究失活后催化剂主要活性组分的变化，对催化水解过后的催化剂过筛后收集，利用 XRD 技术对处理前后的催化剂进行表征，并结合 XRD 图谱的变化，明确催化剂的表面性质和晶型的改动对催化剂活性的影响。从图 5.24 可知，新鲜未使用的催化剂在 24.7°、30.5°、37.5°、53.6°和 60.9°处出现 $TiO_2/ZrO_2$ 的衍射峰并且有着很好的结晶度，新鲜未使用催化剂的主要组分为 TiZrO，在检测过程中没有出现其他杂质的衍射峰，说明催化剂在制备过程中两种材料发生了很好的固溶。表 5.8 列出了反应前后 TiZrO 相晶粒尺寸的变化。通过对比数据，失活后催化剂的 TiZrO 晶粒变大，催化剂的分散度降低，金属粒子出现聚集现象。经过催化水解过程后各衍射峰的高度及半峰宽发生明显变化[172]，水解过后的催化剂产生了 $TiF_4$ 新的衍射峰。这是因为水解反应生成的 HF 对催化剂产生了腐蚀效果，从而降低了催化剂的活性。

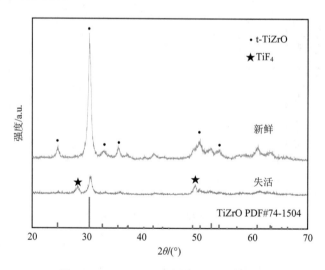

图 5.24　TiO₂/ZrO₂ 反应前后的 XRD 图谱

**表 5.8　TiO₂/ZrO₂ 反应前后的晶粒尺寸**

| 状态 | 新鲜 | 失活 |
| --- | --- | --- |
| TiZrO/nm | 68 | 94 |

## 2. BET N$_2$ 等温吸附-脱附表征

如图 5.25(a)所示，根据 IUPAC 分类，反应前后的催化剂都具有 H4 型滞回环，吸附-脱附等温线均表现出典型的 I 型和 II 型等温线的组合。这表明，催化剂在水解反应中的吸附形式并未发生变化。如从图 5.25(b)中所看到的那样，未用过的新鲜催化剂的孔大小基本集中在小于 1nm，水解四氟化碳以后的催化剂的孔径主要分布在 1nm 左右。由此可以看出，催化剂的孔径分布在水解后发生了变化，与新鲜的催化剂相比孔径分布变大。然而，水解前和水解后均呈现为微孔结构，表明所制得的催化剂并未形成稳定的孔道。

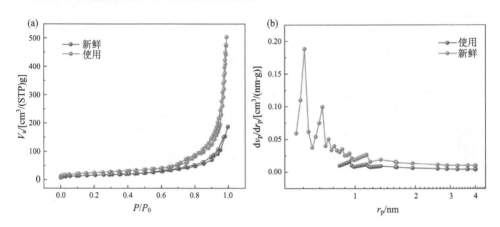

图 5.25　TiO₂/ZrO₂ 反应前后的 N$_2$ 吸附-脱附等温线(a)和孔径分布图(b)

从表 5.9 可以看出，在失活之后，催化剂的比表面积比使用之前发生了显著降低，使用前的比表面积达到了使用后催化剂的两倍以上。孔径变大，但是孔体积变小了。由此推测，当催化剂失活后，有可能是小颗粒聚集在一起形成较大的团簇而堵塞原有的孔径，导致比表面积和孔径发生变化，使得 TiO₂/ZrO₂ 催化剂暴露在表面的活性位较少，进而导致催化剂水解四氟化碳的能力减弱。

表 5.9　反应前后 TiO₂/ZrO₂ 催化剂的孔结构参数

| 催化剂 | BET 比表面积/(m²/g) | 孔体积/(cm³/g) | 孔径/nm |
|---|---|---|---|
| 使用前 | 120.81 | 0.8331 | 0.56 |
| 使用后 | 55.391 | 0.2652 | 0.94 |

### 3. 扫描电子显微镜表征

从图 5.26 可知，反应前催化剂的表面形貌呈现不规则块状结构，周围的轮廓较为清晰。不规则的块状结构表面分布着较多的孔隙结构，这种孔隙结构有利于四氟化碳气体吸附于催化剂的孔道结构。水解过后的催化剂表面负载有棉絮状的细小颗粒物，反应前的孔隙结构也消失了。从图中形貌结构的变化可以发现，水解过程中破坏了催化剂的孔道结构，导致催化剂失活，稳定性较差。

图 5.26　$TiO_2/ZrO_2$ 反应前后的 SEM 图

### 4. 能谱分析

图 5.27 为反应前后的 EDS 对比测试结果。由图 5.27(a)可知，反应前制备的催化剂中含有碳(C)、氧(O)、锆(Zr)、金(Au)和钛(Ti)五种元素。碳元素的出现是因为在测试前用导电胶固定催化剂；金元素的出现主要是因为在测试过程中进行了喷金处理。除了制备过程中引入的元素没有其他元素出现，说明制备的催化剂纯度高[101]。图 5.27(b)为反应后催化剂的 EDS 图，除了测试前的五种元素外，还出现了新元素氟(F)。氟元素出现的原因是在水解过程中气体与催化剂反应后生成的产物为 HF，反应进行得比较完全，没有其他副产物的生成。

为了研究反应后吸收液中元素的分布，选择进行水解反应时具有最佳催化水解效果的催化剂。经过反应，将产生的气体导入氢氧化钙吸收液中，以便收集吸收液放入烘箱进行烘干处理，对析出后的晶体进行 EDS 表征分析结果见图 5.28 和表 5.10。

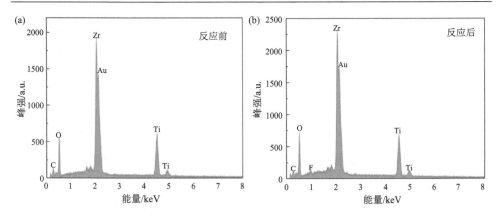

图 5.27　TiO$_2$/ZrO$_2$ 反应前后的 EDS 图

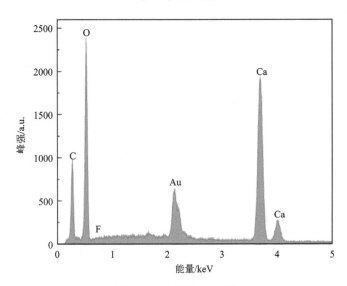

图 5.28　产物的 EDS 图

### 表 5.10　产物的 EDS 表征参数

| 元素 | 质量分数/% | 原子分数/% |
| --- | --- | --- |
| C | 9.96 | 17.93 |
| O | 44.75 | 60.49 |
| F | 2.45 | 2.78 |
| Au | 10.04 | 1.10 |
| Ca | 32.81 | 17.70 |

　　在 EDS 检测分析中发现，吸收溶液中的产物中含有五种元素，分别是碳(C)、氧(O)、氟(F)、金(Au)和钙(Ca)，没有出现其他元素，碳元素说明在水解过程中生成的气体是 $CO_2$。产生的二氧化碳气体不会造成二次污染，符合对四氟化碳无害化处理的预期目标。

　　5. $NH_3$ 程序升温脱附

　　为了研究反应后催化剂表面酸性性质的变化，对反应前后的催化剂进行 $NH_3$-TPD 表征。如图 5.29 所示，反应前后的催化剂在 110℃处有较大的吸附脱附峰，属于 $TiO_2/ZrO_2$ 表面的弱酸性脱附峰。使用过后的催化剂弱酸性范围内的 $NH_3$ 脱附峰的面积小于使用前的催化剂。在 550～650℃出现一个吸附脱附峰，归属于 $NH_3$ 强酸性脱附峰。根据 origin 积分面积得知，使用前的催化剂的酸性含量远高于使用后的催化剂。上述结果表明，四氟化碳的水解大大消耗了催化剂的表面酸性，因此提高催化剂的表面酸性是水解四氟化碳应该关注的一个重要方面。

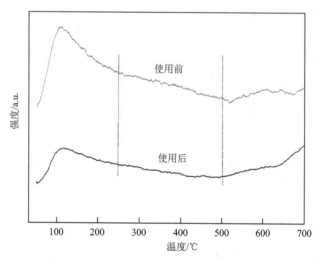

图 5.29　$TiO_2/ZrO_2$ 反应前后 $NH_3$-TPD 表征

　　6. X 射线光电子能谱分析

　　为了深入了解催化剂的表面化学成分，对其进行了 X 射线光电子能谱(XPS)分析。图 5.30 显示了 $TiO_2/ZrO_2$ 反应前后的 XPS 图，在反应后的全谱图中出现了氟，这是由于处理对象四氟化碳通入水解系统从而带入氟元素。对比不同摩尔比反应后钛元素的能谱图，除了摩尔比为 1 的 $TiO_2/ZrO_2$ 外，随着 Ti—F 键峰值的出现，Ti—O 键显示出峰值的强度显著降低。这表明 TiF₄是通过 TiO₂ 和分解的产物 HF 反应形成的，经过对比发现元素 Zr 减弱了 TiO₂ 转变为 TiF₄。在此基础上，利用高分辨率的 O 1s 光谱数据，计算出失活前和失活后的 $(O_\beta+O_\gamma)/O_\alpha$，即由 38.16%减少到 26.52%（表 5.11）。这是因为吸附氧比晶格氧更加活泼[173]，所以吸附氧含量高的话，有利于提高催化剂的催化活性，更好地促进四氟化碳的催化水解。但在失活过程中，催化剂表面吸附氧含量显著减少，从而导致了催化剂失活。

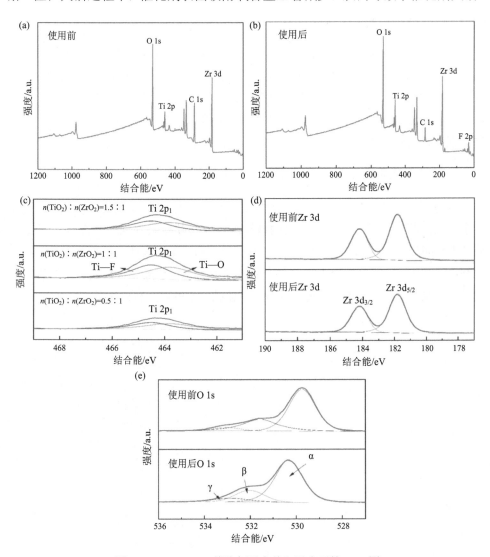

图 5.30　TiO₂/ZrO₂ 催化剂反应前和反应后的 XPS 图

表 5.11　反应前后 $TiO_2/ZrO_2$ 催化剂的 O 1s 谱图结果

| 催化剂类型 | 含量/mol% | | | $\dfrac{O_\beta + O_\gamma}{O_\alpha}$ /% |
|---|---|---|---|---|
| | $O_\alpha$ | $O_\beta$ | $O_\gamma$ | |
| 使用前 | 72.38 | 20.19 | 7.43 | 38.16 |
| 使用后 | 79.04 | 15.11 | 5.85 | 26.52 |

### 5.5.2　失活催化剂的再生研究

通过以上对失活产物的成因研究,明确了水解反应中催化剂内部结构被破坏、晶型改变和水解形成沉淀物等因素导致了催化剂失活。为了验证 $TiO_2/ZrO_2$ 催化剂的再生效果,收集了失效后的催化剂,经过再生工艺处理,以增强催化剂的催化性能和稳定性。根据催化剂失活的原因,采用超声水洗和高温焙烧两种方法对失活催化剂进行再生处理[174-176]。

#### 1. 超声水洗再生

利用超声水洗功能将催化剂进行再生处理。将失活的 $TiO_2/ZrO_2$ 催化剂放置于干净的烧杯,往烧杯中加入适量的蒸馏水。保持其他条件相同,在只改变超声波处理时间(25 min、40 min、55 min 和 70 min)的情况下和失活后没有超声水洗的催化剂进行对比,在烧杯内以 10 min 的间隔更换蒸馏水,将超声过后的催化剂放于烘箱进行干燥处理,烘干后测试催化水解四氟化碳的水解率,结果如图 5.31 所示。

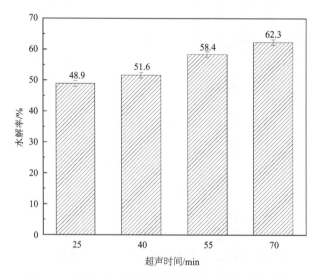

图 5.31　超声时间对催化剂催化水解 $CF_4$ 水解率的影响

如图 5.31 所示，没有超声水洗的催化剂对四氟化碳的水解率只有 11.6%。经超声波处理后，TiO$_2$/ZrO$_2$ 的水解性能随超声波处理时间的延长而增强。超声波处理时间由 25min 上升到 70 min，其水解四氟化碳的能力上升了约 13%，在超声波处理时间为 70min 时，水解率恢复到了 62.3%。但经过超声处理，增加催化剂的活性位点较少，催化剂的恢复效率提升的幅度较小。由此可以看出，超声处理可以除去一部分在水解过程中产生的沉积物，暴露出催化剂的活性位点，但是超声对于部分难去除沉积物的效果不是很好。因此，用超声波洗涤能使催化剂的活性得到改善，但其再生结果并不理想。

## 2. 高温焙烧再生

在水解反应过程中，催化剂表面生成的中间体使其活性下降。根据查阅的文献，提出了通过高温焙烧的处理手段，除去催化剂表面负载的中间体，以实现失活的催化剂重新具有催化活性的效果。收集一定量的催化剂放置管式炉内，在管式炉中通入 N$_2$（流速为 100 mL/min）下持续吹扫 2 h，保持管式炉内的催化剂用量相同，分别在 450℃、550℃、650℃ 和 750℃ 不同煅烧温度下对催化剂活性的再生和没有高温焙烧再生的催化剂进行对比研究，结果显示在图 5.32 中。

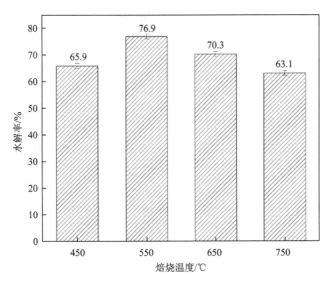

图 5.32　焙烧温度对催化剂催化水解 CF$_4$ 水解率的影响

从图 5.32 可以看出，没有焙烧再生的催化剂对四氟化碳的水解率只有 11.6%，在较高温度下焙烧可以使失活的催化剂得到更好的再生。在管式炉内再生时，水解效果最好的煅烧温度为 550℃。反应温度越高，催化剂活性越低。这是因为在氮气气氛下，通过高温焙烧，既能除去吸附在催化剂上的中间产物，又能清除因化学成键形成的强吸附中间体，但随着温度的升高，催化剂发生烧结现象，催化剂的活性因此而降低。

为了分析再生后吸附氧的含量，对再生后的催化剂 O 1s 谱图进行分析，结果如表 5.12 所示。超声水洗后吸附氧的含量达到了 22.35%，高温焙烧后的含量上升到了 29.37%，与失活后催化剂吸附氧的含量相比得到明显提升，从吸附氧含量的变化也可以解释高温焙烧的效果更优。

**表 5.12　TiO$_2$/ZrO$_2$ 催化剂的 O 1s 谱图结果**

| 催化剂类型 | 含量/mol% | | | $\dfrac{O_\beta + O_\gamma}{O_\alpha}$ / % |
| --- | --- | --- | --- | --- |
| | O$_\alpha$ | O$_\beta$ | O$_\gamma$ | |
| 使用前 | 72.38 | 20.19 | 7.43 | 38.16 |
| 使用后 | 84.04 | 10.11 | 5.85 | 18.99 |
| 超声水洗再生 | 81.73 | 12.14 | 6.13 | 22.35 |
| 高温焙烧再生 | 77.3 | 15.49 | 7.21 | 29.37 |

## 5.6　CF$_4$ 催化水解反应

通过研究新鲜和使用过催化剂的物理化学性质，对 CF$_4$ 水解分解机理进行了初探。所用催化剂的 XRD 图谱如图 5.24 所示，使用过后的催化剂出现了 TiF$_4$ 的特征峰，表明反应过程中 Ti 进一步氟化成 TiF$_4$。对所用催化剂进行 SEM-EDS 分析，结果如表 5.13 所示。结果表明，不同摩尔比制备的催化剂的氟化程度不一样，摩尔比为 1 的催化剂的氟化程度在所有使用的催化剂中最低，可以推测钛锆元素摩尔比影响了 TiF$_4$ 的形成，对催化剂的催化效果产生一定程度的影响。

**表 5.13　使用后催化剂的能谱分析**

| 摩尔比 | 氟元素含量/wt% |
| --- | --- |
| 0.5∶1 | 9.96 |
| 1∶1 | 2.45 |
| 1.5∶1 | 11.20 |

为了深入了解催化剂的表面化学成分，对催化剂进行了 X 射线光电子能谱（XPS）分析。由图 5.24 分析可知，结合能为 181.9 eV 和 184.3 eV 分别归属于 Zr 3d$_{5/2}$

和 Zr $3d_{3/2}$。由于 Ti 在 Zr—O—Ti 键中具有更高的电负性,这些结合能高于本体 ZrO₂ 的结合能,预计 Zr 周围的 Ti—O 键将比 Zr—O 键环境产生更大的电子密度,从而在 Zr 位点产生更多的正电荷,增加了催化剂上路易斯酸位点的数量和强度,这与 NH₃-TPD 的结果显示出良好的一致性。对比不同摩尔比反应后钛元素的能谱图,除了摩尔比为 1 的 TiO₂/ZrO₂ 外,随着 Ti—F 键峰值的出现,Ti—O 键显示出峰值的强度显著降低,这表明 TiF₄ 是通过 TiO₂ 和分解的产物 HF 的反应形成的,经过对比发现元素 Zr 减弱了 TiO₂ 转变为 TiF₄ 的过程。

## 5.7　小　　结

本章通过对制备方法、焙烧温度、焙烧时间、沉淀环境 pH 和金属摩尔比等制备条件依次筛选出了 TiO₂/ZrO₂ 催化剂的最优制备条件,同时结合 XRD、N₂ 等温吸附-脱附、FTIR、XPS 和 NH₃-TPD 等表征分析了 TiO₂/ZrO₂ 催化剂的物理性质及化学性质对四氟化碳气体催化水解的影响,并且得出以下结论。

(1)采用共沉淀方法制备的 TiO₂/ZrO₂ 的衍射峰的峰形最尖锐且半峰宽比较窄,溶胶-凝胶法和溶剂水热法制备出的 TiO₂/ZrO₂ 催化剂,衍射峰较宽,分散度较高,不利于催化水解四氟化碳气体。研究发现采用共沉淀方法制备的 TiO₂/ZrO₂ 催化剂展现出更好的催化性能。

(2)随着焙烧温度的提高和焙烧时间的延长,TiO₂/ZrO₂ 对四氟化碳的催化水解效率得到了显著提升。TiO₂/ZrO₂ 催化剂的晶相结构也变得更加显著,当焙烧温度过低或者焙烧时间过短时,存在催化剂焙烧不完全的现象,催化剂表面的比表面积较小,孔径分布较为广泛。如果煅烧温度太高或者时间太久,催化剂会发生团聚,从而使其比表面积变小,不利于催化反应的进行。在焙烧温度为 700℃,焙烧时间为 5h 时,TiO₂/ZrO₂ 对四氟化碳的水解率在催化水解温度为 300℃达到 99.54%。

(3)pH 在制备过程中也是一个至关重要的因素。当 pH 过低时,会导致沉淀不够完全,结晶程度不够,不能形成一个更好的催化剂固溶体。当 pH 过高时,会导致生成的沉淀重新溶解,影响催化剂的性能。制备 TiO₂/ZrO₂ 催化剂最佳的沉淀环境 pH 为 8,在水解温度为 300℃时保持着较高的催化活性。

(4)不同的金属摩尔比会使催化剂的结构重新塑造,摩尔比的提高使得样品的晶型更趋于完整。当钛锆两种元素摩尔比为 1 时,TiO₂/ZrO₂ 催化剂达到了较高的比表面积($120.81\ m^2/g$),比表面积越大有利于四氟化碳气体吸附在催化剂表面,有助于后续发生水解反应。与其他金属摩尔比的催化剂相比,摩尔比为 1 的催化剂在弱酸和强酸区域具有更大的 $NH_3$ 脱附峰面积。随着摩尔比的增加，XPS 表征结果显示，活性组分 $Ti^{4+}$ 和化学吸附氧含量也随之提高。金属摩尔比为 1 时，$TiO_2/ZrO_2$ 催化剂对四氟化碳气体具有较高的催化活性。

(5) 催化剂用量的多少对于水解率有着至关重要的影响。使用过少的催化剂时，对四氟化碳的水解率不够理想，这是因为过少的催化剂提供的活性位点较少。使用较多的催化剂水解四氟化碳，催化剂发生了聚集，使得催化剂与四氟化碳气体有效接触面积减少。因此，称取 1.50 g 催化剂是四氟化碳水解效率最佳的效果。

(6) 较低气体流速不能使四氟化碳与催化剂充分接触，表现出来的水解效果欠佳。因此，将气体总流速设定为 15 mL/min 时，$TiO_2/ZrO_2$ 催化剂具有较好的催化活性。

(7) XRD 结果显示，水解过后各衍射峰的高度及半峰宽发生了明显的变化。作为活性组分的晶相在水解过程中不断被消耗，$TiO_2/ZrO_2$ 催化剂也随之失活。

(8) BET 结果显示，$TiO_2/ZrO_2$ 催化剂的孔径主要分布在 1nm 左右，比表面积和孔体积都有所减小，活性位点因此减少，催化活性降低。

(9) SEM 和 EDS 分析表明，水解过程中破坏了催化剂原来分布较多的孔隙结构，催化剂表面负载有棉絮状的细小颗粒物。由 EDS 图可以看出，氟元素出现的原因是在水解过程中四氟化碳气体与催化剂反应后生成的产物为 HF。

(10) 根据 origin 积分面积得知，$NH_3$-TPD 表征使用前的催化剂的酸性含量远高于使用后的催化剂。

(11) XPS 分析表明：不同摩尔比反应后钛元素的能谱图中发现元素 Zr 减弱了 $TiO_2$ 转变为 $TiF_4$。从 O 1s 谱图中发现吸附氧比晶格氧更加活泼，吸附氧含量高，有利于提高催化剂的催化活性，更好地促进四氟化碳的催化水解。

(12) 根据失活的原因，对失活的催化剂采用超声水洗和高温焙烧两种再生方法进行再生。研究表明，在高温煅烧过程中，既能除去吸附在催化剂表面的活性中间体，又能消除因化学结合作用而形成的活性中间体。采用高温焙烧恢复催化剂的活性效果优于超声水洗。

# 参 考 文 献

[1] 徐建华, 胡建信, 张剑波. 中国ODS的排放及其对温室效应的贡献[J]. 中国环境科学, 2003, 23(4): 363-366.

[2] Ma L, Shang L, Zhong D, et al. Experimental investigation of a two-phase closed thermosyphon charged with hydrocarbon and Freon refrigerants[J]. Applied. Energy, 2017, 207: 665-673.

[3] 潘洪准. 大型氟利昂制冷系统的节能技术应用[J]. 制冷, 2017, 36(3): 59-62.

[4] 毛海萍. R22氟利昂制冷剂的替代[J]. 压缩机技术, 2011(3): 27-29.

[5] McCulloch A. Fluorocarbons in the global environment: a review of the important interactions with atmospheric chemistry and physics[J]. Journal of Fluorine Chemistry, 2003, 123(1): 21-29.

[6] 张健恺, 刘玮, 韩元元, 等. 平流层臭氧变化对对流层气候影响的研究进展[J]. 干旱气象, 2014, 32(5): 685-693.

[7] 热伊莱·卡得尔, 伊卜拉伊木·阿卜杜吾普, 陈刚. 全球气候变化及其影响因素研究进展[J]. 农业开发与装备, 2020(9): 81-82.

[8] 高红. 氟利昂-12预混合燃烧水解研究[D]. 昆明: 昆明理工大学, 2011.

[9] Wang T J, Gao T C, Zhang H S. Review of Chinese atmospheric science research over the past 70 years: atmospheric physics and atmospheric environment[J]. Science China Earth Sciences, 2019, 62(12): 1903-1945.

[10] 翁梅. 大气污染治理的问题及对策[J]. 中国资源综合利用, 2018, 36(3): 148-150.

[11] Dixon R K. Global Environment Facility investments in the phase-out of ozone-depleting substances[J]. Mitigation and Adaptation Strategies for Global Change, 2011, 16(5): 567-584.

[12] Dameris M. Depletion of the ozone layer in the 21st century[J]. Angewandte Chemie (International Ed in English), 2010, 49(3): 489-491.

[13] Dameris M. Climate change and atmospheric chemistry: how will the stratospheric ozone layer develop?[J]. Angewandte Chemie (International Ed in English), 2010, 49(44): 8092-8102.

[14] 游英, 周道生. 环境保护与CFCs禁用问题[J]. 扬州工学院学报, 1991(2): 63-69.

[15] 田文珊, 龚宥精, 李秋瑾, 等. 浸渍法制备MgO/ZrO$_2$催化氧化NO[J]. 云南大学学报(自然科学版), 2024, 46(4): 727-734.

[16] 李文俊. 困境、博弈与机制[D]. 上海: 上海社会科学院, 2018.

[17] 金雄思, 倪锋, 赵诚, 等. 我国制冷剂R22的生产状况及其替代品的发展趋势[J]. 科技创新导报, 2016, 13(7): 57-58.

[18] 薄燕.《巴黎协定》坚持的"共区原则"与国际气候治理机制的变迁[J]. 气候变化研究进展, 2016, 12(3): 243-250.

[19] 翟盘茂, 余荣, 周佰铨, 等. 1.5℃增暖对全球和区域影响的研究进展[J]. 气候变化研究展,

2017, 13（5）: 465-472.

[20] 陆友来. 利用高频等离子体分解氟利昂的装置[J]. 渔业机械仪器, 1995, 22(2): 26-27.

[21] 邹金宝, 宁平, 高红, 等. 氟利昂的燃烧水解法处理研究[J]. 昆明理工大学学报（理工版）, 2009, 34（1）: 92-94.

[22] 彭伯彦. 日本氟利昂类制冷剂的使用和管理指南[J]. 制冷与空调, 2014, 14（11）: 55-59.

[23] 易朝丽, 米洁. 气雾剂抛射剂氟利昂替代品的研究现状[J]. 科技致富向导, 2010,（24）: 109-111.

[24] 白开旭. 全球大气臭氧总量变化趋势及其区域气候影响机制研究[D]. 上海: 华东师范大学, 2015.

[25] Rowland F S, Molina M J. Ozone depletion: 20 years after the alarm[J]. Chemical & Engineering News, 1994, 72(33): 8-13.

[26] 刘艺轩, 刘平. 浅析光污染对人体身心健康的危害[J]. 中国城乡企业卫生, 2017, 32（12）: 55-57.

[27] 冷鲜花. 空调业低碳模式探寻[J]. 商周刊, 2010(8): 36-37.

[28] 陈萍, 谢冠群, 罗孟飞. 氟利昂替代品的简介与发展动态[J]. 今日科技, 2011(10): 57-58.

[29] 郝郑平, 程代云, 梁一红. 氟利昂 12($CCl_2F_2$) 燃烧分解催化剂性能的研究[J]. 环境化学, 2000, 19（3）: 204-208.

[30] Liu T C, Ning P, Wang Y M, et al. Catalytic. decomposition of dichlorodifluoromethane (CFC-12) over solid super acid $MoO_3/ZrO_2$[J]. Asian Journal of Chemistry, 2010, 22 （6）: 4431-4438.

[31] 陈登云, 孙大海, 应海, 等. 用 $H_\alpha$ 线研究 Freon12($CF_2CCl_2$) 对电感耦合等离子体(ICP)电子密度的影响——ICP 技术在危险废弃物处理方面的应用研究[J]. 光谱学与光谱分析, 1998, 18（2）: 199-204.

[32] 马臻, 华伟明, 唐颐, 等. 用以分解氟利昂-12 的新型催化剂 $WO_3/Al_2O_3$[J]. 应用化学, 2000, 17(3): 319-321.

[33] Li Z, Tan D S, Ren Q L, et al. Synthesis and properties of UV-curable polysiloxane methacrylate obtained by one-step method[J]. Chinese Journal of Polymer Science, 2013, 31 （2）: 363-370.

[34] Chao P J, Johner N, Zhong X W, et al. Chlorination strategy on polymer donors toward efficient solar conversions[J]. Journal of Energy Chemistry, 2019, 39: 208-216.

[35] 陈欣, 贾文志, 罗孟飞. 气相氟化 $CCl_2F_2$ 制备 $CF_4$ 的催化剂研究[J]. 有机氟工业, 2010(4): 10-17.

[36] 周丹. 冷却排管在大型氟利昂直接膨胀低温冷藏库系统中的应用研究[D]. 大连: 大连理工大学, 2012.

[37] 于昊. 《蒙特利尔议定书》修正案有望年内通过全球削减 HFCs 即将达成共识[J]. 电器, 2016(8): 38-39.

[38] Mao J H, Tan X F, Li Z Q,et al.Catalytic hydrolysis of $CCl_2F_2$ by catalyst $Al_2O_3/ZrO_2$[J]. Catalysis Letters, 2023,153(9):2706-2717.

[39] 颜其德, 康建成. 地球生命的保护伞——臭氧层[J]. 科学, 2005, 57(6): 54-56.

[40] 张玲. 紫外线的危害及防护[J]. 技术物理教学, 2005(1): 47-48.

[41] 王若禹. 臭氧洞的形成、危害及对策[J]. 河南大学学报(自然科学版), 2001, 31 (2): 90-94.

[42] 朱鹏. 几类含氟氯取代酯在大气中降解反应微观机理的理论研究[D]. 长春: 吉林大学, 2016.

[43] 许晓涛. 1, 1, 1, 3, 3-五氯丙烷合成工艺研究[D]. 杭州: 浙江大学, 2014.

[44] 于洪兰. 大气臭氧层的破坏和保护[J]. 潍坊学院学报, 2003, 3 (6): 15-16.

[45] 石晓玲. 氯氟烃的使用、危害及其相关的国际公约[J]. 贵州警官职业学院学报, 2007, 19(6): 108-110.

[46] 肖红蓉. 中国温室气体排放权交易制度的构建与完善[D]. 武汉: 武汉大学, 2010.

[47] 王世金, 丁永建, 效存德. 冰冻圈变化对经济社会系统的综合影响及其适应性管理策略[J]. 冰川冻土, 2018, 40 (5): 863-874.

[48] Li L, Chen J K. Influence of climate change on wild plants and the conservation strategies[J]. Biodiversity Science, 2014, 22 (5): 549.

[49] 胥金辉, 张天胜. 氟利昂替代品研究现状[J]. 化工新型材料, 2004, 32 (8): 1-4.

[50] 杨运良, 涂中强. CFCs, HCFCs 类制冷工质的替代评述与展望[J]. 洁净与空调技术, 2006(4): 10-12.

[51] 冯欣怡. 消耗臭氧层物质淘汰现状与趋势[J]. 四川化工, 2016, 19(5): 25-28.

[52] 葛志新. 前进还是倒退: 捍卫新疆少数民族文化转型的前进方向[J]. 新疆社会科学, 2016(1): 131-135.

[53] 徐宝东. 国际保护臭氧层协议与氟化学产业的发展趋势[J]. 化学工业, 2014, 32 (S1): 14-18.

[54] 董蕊, 冯尚斌. 环保制冷剂趋势分析[J]. 日用电器, 2010(11): 37-40.

[55] 金玲仁, 曹方方, 颜涛, 等. CFCs 生产企业废水及产品成分快速检测分析[J]. 中国环境监测, 2015, 31 (6): 125-128.

[56] 王启东. 后《京都议定书》时代中国减排国际义务研究[D]. 广州: 暨南大学, 2010.

[57] Yang Z L, Qin G Y, Tang R J, et al. Formaldehyde oxidation of $Ce_{0.8}Zr_{0.2}O_2$ nanocatalysts for room temperature: kinetics and effect of pH value[J]. Nanomaterials, 2023, 13(14): 277.

[58] 宣永梅. 新型替代制冷剂的理论及实验研究[D]. 杭州: 浙江大学, 2004.

[59] 张石. 氟利昂(CFC)的替代品方案[J]. 中外轻工科技, 2000(4): 16-17.

[60] Xu J H. Research situation of Freon's alternatives[J]. New Chemical Materials, 2004, 32 (8): 1-4.

[61] 本刊讯. 利用二氧化碳替代氟利昂(HFCs)发泡生产挤塑板技术列入《国家重点推广的低碳技术目录》[J]. 墙材革新与建筑节能, 2016(1): 62.

[62] 王其明. HCFC-225ca 的制造工艺开发研究[J]. 有机氟工业, 2007(2): 9-10, 32.

[63] 张彦所. HCFC-22 替代制冷剂节能环保性能的研究[D]. 天津: 天津大学, 2010.

[64] 杨婧烨, 陆冰清, 陈江平. 新型 R1233zde 制冷剂的高效节能环保性能分析[J]. 汽车工程, 2018, 40 (8): 892-896.

[65] 张早校. 氯氟烃的再生分解与破坏技术分析[J]. 环境保护, 2002, 30(3): 22-24.

[66] 刘天成, 宁平. 氟利昂的催化水解技术[M]. 北京: 科学出版社, 2015.

[67] Ueno H, Iwasaki Y, Tatsuichi S, et al. Destruction of chlorofluorocarbons in a cement kiln[J]. Journal of the Air & Waste Management Association, 1997, 47 (11): 1220-1223.

[68] Jovović A, Kovačević Z, Radić D, et al. The emission of particulate matters and heavy metals from cement kilns-case study: co-incineration of tires in Serbia[J]. Chemical Industry and Chemical Engineering Quarterly, 2010, 16 (3): 213-217.

[69] 胡春华. 国外利用水泥窑的氟利昂分解装置概略[J]. 湖北林业科技, 2001, 30(3): 50-51.

[70] 蒋达华, 任如山. 等离子体技术在环境污染治理中的应用研究[J]. 环境技术, 2004, 22(2): 16-19.

[71] 穆焕文. 用等离子体化学对氟利昂及含氟废料等进行无害化处理[J]. 有机氟工业, 2003(3): 56-58.

[72] 袁方利, 黄淑兰, 凌远兵, 等. 等离子法热解制备导电 ZnO 陶瓷粉[J]. 化工冶金, 1998, 19 (3): 212-216.

[73] Liu Z C, Pan X X, Dong W B, et al. Decomposition of $CF_3Cl$ by corona discharge[J]. Journal of Environmental Sciences, 1997, 86 (1): 95-99.

[74] Gal' A, Ogata A, Futamura S, et al. Mechanism of the dissociation of chlorofluorocarbons during nonthermal plasma processing in nitrogen at atmospheric pressure[J]. The Journal of Physical Chemistry A, 2003, 10742: 8859-8866.

[75] Wang Y F, Lee W J, Chen C Y, et al. Decomposition of dichlorodifluoromethane by adding hydrogenina in a cold plasma system[J]. Environmental Science and Technology, 1999, 33(13): 2234-2240.

[76] 陈登云, 王小如, 陈薇, 等. 氟利昂($CF_2Cl_2$)对电感耦合等离子体(ICP)放电特性的影响——ICP 技术在危险废弃物处理方面的应用研究[J]. 光谱学与光谱分析, 1998(3): 319-324.

[77] Altan H, Yu B L, Alfano S A, et al. Terahertz (THz) spectroscopy of Freon-11 ($CCl_3F$, CFC-11) at room temperature[J]. Chemical Physics Letters, 2006, 427 (4-6): 241-245.

[78] Salehkoutahi S, Quarles C A. Additivity of k X-ray yield of chlorine in $CHClF_2$, $CCl_2F_2$, $C_2Cl_2F_4$, and $CCl_3F$[J]. Journal of Electron Spectroscopy & Related Phenomena, 1988, 46 (2): 349-355.

[79] Mel'nikov M Y, Baskakov D V, Feldman V I. Spectral characteristics and transformations of intermediates in irradiated Freon 11, Freon 113, and Freon 113a[J]. High Energy Chemistry, 2002, 36 (5): 309-315.

[80] Hirai K, Nagata Y, Maeda Y. Decomposition of chlorofluorocarbons and hydrofluorocarbons in water by ultrasonic irradiation[J]. Ultrasonics Sonochemistry, 1996, 3 (3): S205-S207.

[81] Pinnock S, Hurley M D, Shine K P, et al. Radiative forcing of climate by hydrochloro-fluorocarbons and hydrofluorocarbons[J]. Journal of Geophysical Research Atmospheres, 1995, 100 (D11): 23227-23238.

[82] Nagata H, Takakura T, Tashiro S, et al. Catalytic oxidative decomposition of chlorofluorocarbons(CFCs) in the presence of hydrocarbons[J]. Applied Catalysis B: Environmental, 1994, 5 (1-2): 23-31.

[83] 张建君, 许茂乾. CFC-12 的催化加氢研究[J]. 宁夏大学学报(自然科学版), 2001, 22 (2): 211-212.

[84] 张惠燕, 徐明仙, 张建君. CFC-12 催化加氢制备 HFC-32 的研究[J]. 化学与生物工程, 2007, 24 (5): 27-28, 31.

[85] 张彦, 徐桂花, 赵阳. Pd/C 催化剂在 CFCs 加氢脱氯合成 HFCs 中的应用研究[J]. 有机氟工业, 2013(3): 4-6.

[86] 刘天成. 固体酸碱催化水解氟利昂研究[M]. 北京: 科学出版社, 2021.

[87] 许春慧, 聂彦平, 郑肖, 等. 用于 CFCs 加氢脱氯生产 ODS 替代品 HFCs 催化剂的研究进展[J]. 浙江师范大学学报(自然科学版), 2009, 32(2): 203-206.

[88] 郑肖, 聂彦平, 肖强, 等. CFC-115 加氢脱氯制 HFC-125 Pd/C 催化剂制备研究[J]. 现代化工, 2009, 29 (S1): 151-154.

[89] 程岭. Pd 基催化剂上氯苯酚加氢脱氯和苯酚选择性加氢反应的研究[D]. 上海: 华东理工大学, 2014.

[90] Tajima M, Niwa M, Fujii Y, et al. Decomposition of chlorofluorocarbons in the presence of water over zeolite catalyst[J]. Applied Catalysis B: Environmental, 1996, 9 (1-4): 167-177.

[91] Takita Y, Ishihara T. Catalytic decomposition of CFCs[J]. Catalysis Surveys from Asia, 1998, 2 (2): 165-173.

[92] Ma Z, Huang W, Tang Y, et al. Catalytic decomposition of CFC-12 over solid acids $WO_3/M_xO_y$(M=Ti, Sn, Fe)[J]. Journal of Molecular Catalysis A: Chemical, 2000, 159 (2): 335-345.

[93] 高智勤, 江琦, 李向召. 固体碱催化剂及其催化机理[J]. 精细石油化工, 2006, 23 (4): 62-66.

[94] Liu T C, Ning P, Wang H B, et al. Catalytic hydrolysis of $CCl_2F_2$ over solid base $CaO/ZrO_2$[J]. Advanced Materials Research, 2013, 652-654: 1533-1538.

[95] Liu T, Ning P, Wang H, et al. Catalytic decomposition of $CCl_2F_2$ over solid base $Na_2O/ZrO_2$[J]. Advanced Materials Research, 2013, 634-638: 494-499.

[96] Liu T, Guo Y, Ning P, et al. Reaction mechanism for $CCl_2F_2$ catalytic decomposition over $MoO_3/ZrO_2$[J]. Applied Mechanics and Materials, 2013, 295-298: 326-330.

[97] 黄家卫, 唐光阳, 贾丽娟, 等. $MoO_3/ZrO_2$-$TiO_2$ 固体酸催化水解 HCFC-22[J]. 环境工程学报, 2017, 11 (1): 408-412.

[98] 赵光琴, 唐光阳, 贾丽娟, 等. 固体酸 $MoO_3/ZrO_2$-$TiO_2$ 的制备和催化性能的研究[J]. 云南大学学报(自然科学版), 2018, 40 (4): 755-759.

[99] 赵光琴, 贾丽娟, 唐光阳, 等. $TiO_2/ZrO_2$ 固体酸催化水解 $CHClF_2$ 和 $CCl_2F_2$ 的研究[J]. 环境工程(S1), 2017, (35): 138-140.

[100] 赵光琴, 唐光阳, 贾丽娟, 等. $MgO/ZrO_2$ 固体碱的制备及催化性能研究[J]. 应用化工, 2018, 47 (7): 1350-1352.

[101] 周童, 贾丽娟, 任国庆, 等. 复合催化剂 $MoO_3$-$MgO/ZrO_2$ 催化水解氟利昂[J]. 应用化工, 2020, 49 (4): 863-866.

[102] 刘天成, 李志倩, 周童, 等. MoO₃-MgO/ZrO₂ 复合催化剂催化水解 HCFC-22 的研究[J]. 云南大学学报(自然科学版), 2020, 42 (2): 338-344.

[103] 陈国亮, 李剑, 杨丽娜. 介孔氧化铝改性研究进展[J]. 天然气化工·C1 化学与化工, 2016, 41 (5): 68-72, 87.

[104] 郑禹. 水热法合成氧化锆粉体及其表征[D]. 大连: 大连交通大学, 2019.

[105] 张慧梅, 薛群虎, 田晓利, 等. 凝胶结合 Al₂O₃-ZrO₂ 复相陶瓷性能研究[J]. 中国陶瓷, 2011, 47(2): 23-26.

[106] 刘志刚. Al₂O₃-ZrO₂ 陶瓷复合材料的制备和强韧化机理研究[D]. 青岛: 中国海洋大学, 2009.

[107] 杜红菊. 多孔 Al₂O₃-ZrO₂ 陶瓷的微观结构[J]. 现代技术陶瓷, 2015, 36 (4): 50-53.

[108] 李健生, 郝艳霞, 张烨, 等. 以无机盐前驱体制备中空纤维担载 Al₂O₃/ZrO₂ 复合膜[J]. 稀有金属材料与工程, 2006, 35 (9): 1449-1452.

[109] 王红玉, 张雅迪, 赵芳, 等. 纳米 ZnO 光催化剂改性研究的新进展[J]. 山东化工, 2021, 50(20): 56-57.

[110] Kennedy J, Murmu P P, Leveneur J, et al. Controlling preferred orientation and electrical conductivity of zinc oxide thin films by post growth annealing treatment[J]. Applied Surface Science, 2016, 367: 52-58.

[111] Manikandan E, Kennedy J, Kavitha G, et al. Hybrid nanostructured thin-films by PLD for enhanced field emission performance for radiation micro-nano dosimetry applications[J]. Journal of Alloys and Compounds, 2015, 647: 141-145.

[112] 唐洋洋, 李林波, 王超, 等. 稀土改性 ZnO 应用及研究进展[J]. 中国稀土学报, 2021, 39(5): 698-710.

[113] 龚宥精, 田文珊, 赵光垒, 等. PEG-2000 添加量对 $PrxZr_{1-x}O_{2-\delta}$ 催化氧化 NO 活性的影响[J]. 现代化工, 2024, 44(6): 134-139.

[114] Li L, Mao D, Yu J, et al. Highly selective hydrogenation of $CO_2$ to methanol over CuO-ZnO-ZrO₂ catalysts prepared by a surfactant-assisted co-precipitation method[J]. Journal of Power Sources, 2015, 279: 394-404.

[115] Raudaskoski R, Niemelä M V, Keiski R L. The effect of ageing time on co-precipitated Cu/ZnO/ZrO₂ catalysts used in methanol synthesis from $CO_2$ and $H_2$[J]. Topics in Catalysis, 2007, 45(1-4): 57-60.

[116] Mørup S, Madsen D E, Frandsen C, et al. Experimental and theoretical studies of nanoparticles of antiferromagnetic materials[J]. Journal of Physics: Condensed Matter, 2007, 19(21): 213202.

[117] Rai A K, Anh L T, Gim J, et al. One-step synthesis of CoO anode material for rechargeable lithium-ion batteries[J]. Ceramics International, 2013, 39(8): 9325-9330.

[118] 欧阳晶莹, 郑瀚. 氧化钴-碳化硅复合填料光催化去除循环水养殖系统中氨氮的研究[C]// 第十一届新型太阳能材料科学与技术学术研讨会论文集. 长春: 2024: 262.

[119] 彭莉莉, 黄妍, 李建光, 等. $CoO_x$-$CeO_x$/ZrO₂ 催化氧化 NO 性能及抗 $SO_2$ 毒化研究[J]. 燃料

化学学报, 2012, 40(11): 1377-1383.

[120] Gomez L E, Tiscornia I S, Boix A V, et al. Co/ZrO₂ catalysts coated on cordierite monoliths for CO preferential oxidation[J]. Applied Catalysis A: General, 2011, 401(1-2): 124-133.

[121] 刘欢. Co/TiO₂-ZrO₂ 催化剂催化 CO₂ 氧化乙烷脱氢制乙烯的研究[D]. 广州: 华南理工大学, 2022.

[122] Reddy B M, Khan A. Recent advances on TiO₂-ZrO₂ mixed oxides as catalysts and catalyst supports[J]. Catalysis Reviews, 2005, 47(2): 257-296.

[123] 刘天成. ZrO₂ 基固体酸碱催化水解低浓度氟利昂的研究[D]. 昆明: 昆明理工大学, 2010.

[124] 任国庆, 周童, 李志倩, 等. CaO/ZrO₂ 固体碱催化水解 CFC-12 的研究[J]. 分子催化, 2019, 33(3): 253-262.

[125] Wei J, Han B, Wang X. Improvement in hydration resistance of CaO granules based on CaO-TiO₂, CaO-ZrO₂ and CaO-V₂O₅ systems[J]. Materials Chemistry Physics, 2020, 254: 123413.

[126] 李婧. 基于掺杂三芳基硫鎓六氟锑酸盐的夜光纤维光谱蓝移研究[D]. 无锡: 江南大学, 2017.

[127] 晓力. HCFC-22 回顾与展望[J]. 有机氟工业, 2008(1): 54-59.

[128] 杨日福, 邓琪琦, 范晓丹, 等. 超声强化镍催化油脂共轭反应的研究[J]. 中国油脂, 2013, 38(8): 25-28.

[129] 王佳悦, 同帜, 高婷婷, 等. 不同摩尔比 Al₂O₃-ZrO₂ 复合薄膜的性能探究[J]. 膜科学与技术, 2018, 38(6): 84-89.

[130] 周瑞文, 孟静静, 王亚晨, 等. 基于稳定碳同位素的济南市二元羧酸类 SOA 的污染特征与形成机制[J]. 环境科学学报, 2021, 41(3): 863-873.

[131] 王佳悦, 马明晶, 同帜, 等. 溶胶-凝胶法制备 Al₂O₃-ZrO₂ 复合膜及其性能表征[J]. 功能材料, 2018, 49(5): 5120-5126.

[132] 王承智, 胡筱敏, 石荣, 等. 等离子体技术应用于气相污染物治理综述[J]. 环境污染与防治, 2006, 28(3): 205-209.

[133] 邢学玲, 闵新民. 柠檬酸盐溶胶凝胶法合成 Ca₃Co₂O₆ 陶瓷粉末[J]. 武汉理工大学学报, 2006, 28(12): 24-26.

[134] 景茂祥, 沈湘黔, 沈裕军. 柠檬酸盐凝胶法制备纳米氧化镍的研究[J]. 无机材料学报, 2004, 19(2): 289-294.

[135] 李双明, 刘慧, 于三三, 等. 柠檬酸溶胶-凝胶法制备纳米铜[J]. 中国粉体技术, 2013, 19(6): 49-53.

[136] 刘志坚, 廖建军, 谭经品, 等. 二氧化碳加氢合成甲醇的 CuO-ZnO 催化剂制备 II. 制备规律[J]. 石油炼制与化工, 2000, 31(12): 37-40.

[137] McGuire N E, Kondamudi N, Petkovic L M, et al. Effect of lanthanide promoters on zirconia-based isosynthesis catalysts prepared by surfactant-assisted coprecipitation[J]. Applied Catalysis A: General, 2012, 429-430: 59-66.

[138] Wang J J, Li G N, Li Z L, et al. A highly selective and stable ZnO-ZrO₂ solid solution catalyst

for $CO_2$ hydrogenation to methanol[J]. Science Advances, 2017, 3(10): e1701290.

[139] Cimino A, Stone F S. Oxide solid solutions as catalysts[J]. Advances in Catalysis, 2002, 47: 141-306.

[140] Guidi V, Carotta M C, Ferroni M, et al. Effect of dopants on grain coalescence and oxygen mobility in nanostructured titania anatase and rutile[J]. The Journal of Physical Chemistry B, 2003, 107(1): 120-124.

[141] 林庆文, 杨俊, 谢发之. 煤基多孔碳分子筛的孔结构特征[J]. 应用化工, 2018, 47(8): 1609-1612.

[142] Luo J, Meng M, Li X, et al. Mesoporous $Co_3O_4$-$CeO_2$ and Pd/$Co_3O_4$-$CeO_2$ catalysts: synthesis, characterization and mechanistic study of their catalytic properties for low-temperature CO oxidation[J]. Journal of Catalysis, 2008, 254(2): 310-324.

[143] Yu Y, Chan Y M, Bian Z F, et al. Enhanced performance and selectivity of $CO_2$ methanation over g-$C_3N_4$ assisted synthesis of Ni-$CeO_2$ catalyst: kinetics and DRIFTS studies[J]. International Journal of Hydrogen Energy, 2018, 43(32): 15191-15204.

[144] Yu Y, Bian Z F, Song F J, et al. Influence of calcination temperature on activity and selectivity of Ni-$CeO_2$ and Ni-$Ce_{0.8}Zr_{0.2}O_2$ catalysts for $CO_2$ methanation[J]. Topics in Catalysis, 2018, 61(15-17): 1514-1527.

[145] Lu L H, Hayakawa T, Ueda T, et al. Dependence of catalytic activity in CO hydrogenation on strong basic sites of $ZrO_2$ surface[J]. Chemistry Letters, 1998, 27(1): 65-66.

[146] Ma Z Y, Yang C, Wei W, et al. Surface properties and CO adsorption on zirconia polymorphs[J]. Journal of Molecular Catalysis A: Chemical, 2005, 227(1-2): 119-124.

[147] 黄纯洁, 陈绍云, 费潇瑶, 等. 柠檬酸盐凝胶法制备纳米 CuO-ZnO-$ZrO_2$ 的工艺分析及 $CO_2$ 加氢制甲醇的性能[J]. 燃料化学学报, 2016, 44(3): 375-384.

[148] 杨宗霖, 唐瑞玖, 贾丽娟, 等. $Ce_{0.8}Zr_{0.2}O_2$ 催化剂在催化氧化甲醛反应中的失活及再生[J]. 环境科学学报, 2024, 44(8): 143-151.

[149] McAfee L. Infrared and Raman spectra of inorganic and coordination compounds. Part a: theory and applications in inorganic chemistry; Part B: application in coordination, organometallic, and bioinorganic chemistry, 5th edition (nakamoto, kazuo)[J]. Journal of Chemical Education, 2000, 77(9): 1122.

[150] Wei Z X, Wei L, Gong L, et al. Combustion synthesis and effect of $LaMnO_3$ and $La_{0.8}Sr_{0.2}MnO_3$ on RDX thermal decomposition[J]. Journal of Hazardous Materials, 2010, 177(1-3): 554-559.

[151] 李昊, 闫锋, 杨少斌. 改性固体超强酸 $S_2O_8^{2-}$/$ZrO_2$-CoO 用于 FCC 汽油氧化脱硫的研究[J]. 燃料化学学报, 2019, 47(4): 484-492.

[152] Miao C X, Hua W M, Chen J M, et al. Studies on $SO_4^{2-}$ promoted mixed oxide superacids[J]. Catalysis Letters, 1996, 37(3/4): 187-191.

[153] Mishra M K, Tyagi B, Jasra R V. Effect of synthetic parameters on structural, textural, and catalytic properties of nanocrystalline sulfated zirconia prepared by sol-gel technique[J].

Industrial & Engineering Chemistry Research, 2003, 42(23): 5727-5736.

[154] 吴伟, 郑文涛, 刘文勇. NH₃-TPD 表征结果影响因素的分析[J]. 化学与粘合, 2004, 26(1): 17-19.

[155] 王利, 夏迎春, 刘清, 等. 多孔活性碳纤维的微孔分析[C]//第十一届全国青年分析测试学术报告会. 上海, 2010.

[156] 陈骅, 陈传正, 李少羽, 等. Ni-SiO₂ 催化剂的 X-射线光电子能谱研究[J]. 石油化工, 1980, 9(6): 336-339.

[157] Leedham Elvidge E, Bönisch H, Brenninkmeijer C A M, et al. Evaluation of stratospheric age of air from CF₄, C₂F₆, C₃F₈, CHF₃, HFC-125, HFC-227ea and SF₆: implications for the calculations of halocarbon lifetimes, fractional release factors and ozone depletion potentials[J]. Atmospheric Chemistry & Physics, 2018, 18(5): 3369-3385.

[158] 郑谐. 低温等离子体协同催化分解四氟化碳研究[D]. 长沙: 中南大学, 2022.

[159] Mühle J, Ganesan A L, Miller B R, et al. Perfluorocarbons in the global atmosphere: tetrafluoromethane, hexafluoroethane, and octafluoropropane[J]. Atmospheric Chemistry and Physics, 2010, 10(11): 5145-5164.

[160] 亢玉红. 中孔 Y 型沸石分子筛的合成、表征及其性能研究[D]. 太原: 太原理工大学, 2012.

[161] 李守高. 负载 Pt-A 微孔/介孔核壳分子筛的合成、表征及催化性能评价[D]. 太原: 太原理工大学, 2013.

[162] 徐涛. 活性炭纤维负载 Ni-P 化合物的制备及催化性能研究[D]. 济南: 济南大学, 2013.

[163] 黄海凤, 贾建明, 卢晗锋, 等. Zr/Ti 摩尔比对锶锆钛复合氧化物在可见光下光催化性能的影响[J]. 物理化学学报, 2013, 29(6): 1319-1326.

[164] 郑择, 刘琪, 王琦, 等. Cu-Zn/ZrO₂ 二甲醚低温蒸汽重整制氢催化剂的研究[J]. 江西化工, 2018, 34(4): 65-68.

[165] Ma L, Cheng Y S, Cavataio G, et al. *In situ* DRIFTS and temperature-programmed technology study on NH₃-SCR of NOₓ over Cu-SSZ-13 and Cu-SAPO-34 catalysts[J]. Applied Catalysis B: Environmental, 2014, 156-157: 428-437.

[166] Mao J H, Tana X F, Lia Z Q, et al. Catalytic hydrolysis of CCl₂F₂ by catalyst Al₂O₃/ZrO₂ [J]. Catalysis Letters, 2023, 153(9): 2706-2717.

[167] García-Sancho C, Jiménez-Gómez C P, Viar-Antuñanon N, et al. Evaluation of the ZrO₂/Al₂O₃ system as catalysts in the catalytic transfer hydrogenation of furfuralto obtain furfuryl alcohol[J]. Applied Catalysis A: General, 2021, 609: 117905.

[168] Tan X F, Mao J H, Ren G Q, et al. The hydrolyzation and hydrolysis rates of chlorodifluoromethane during catalytic hydrolysis over solid acid (base) MoO₃(MgO)/ZrO₂ catalyst[J]. Crystals, 2022, 12(7): 935.

[169] Feng J Y, Wang F, Wang C, et al. Ce-doping CuO/HZSM-5 as a regenerable sorbent for adsorption-oxidation removal of PH₃ at low temperature[J]. Separation and Purification Technology, 2021, 277: 119420.

[170] Zheng X, Xiang K S, Shen F H, et al. The Zr Modified γ-Al₂O₃ catalysts for stable hydrolytic

decomposition of CF$_4$ at low temperature[J]. Catalysts, 2022, 12 (3): 313.

[171] 刘巷, 何人广, 谭小芳, 等. Ce$_x$Zr$_{1-x}$O$_y$ 常温催化氧化去除甲醛的研究[J]. 云南大学学报 (自然科学版), 2022, 44(5): 1034-1042.

[172] 张世英, 周武艺, 唐绍裘, 等. 偏钛酸制备纳米 TiO$_2$ 粉体及其光催化性能研究[J]. 化学工程, 2006, 34(2): 60-62.

[173] 苏子昂, 彭悦, 司文哲. 氧化铈表界面氧空位在 VOCs 催化燃烧中的作用机制[C]// 中国稀土学会 2021 学术年会论文摘要集, 2021.

[174] 程华. SCR 烟气脱硝催化剂失活原因与再生技术的研究[D]. 广州: 华南理工大学, 2013.

[175] 徐辉, 林敬, 江厚兵, 等. SCR 催化剂再生工艺浅析[C]//2016 燃煤电厂超低排放形势下 SCR 脱硝系统运行管理及氨逃逸监测、空预器堵塞与低温省煤器改造技术交流研讨会. 南京, 2016.

[176] Yan X J, Li L Z. Regeneration methods of deactivated photocatalyst: a review[J]. Advances in Environmental Protection, 2015, 5(5): 113-118.